城镇水务 2035 年
行业发展规划纲要

中国城镇供水排水协会　主编

中国建筑工业出版社

图书在版编目（CIP）数据

城镇水务2035年行业发展规划纲要／中国城镇供水排水协会主编. —北京：中国建筑工业出版社，2021.2（2024.7重印）
ISBN 978-7-112-25937-3

Ⅰ.①城… Ⅱ.①中… Ⅲ.①城市用水—水资源管理—管理规划—中国—2035 Ⅳ.①TU991.31

中国版本图书馆CIP数据核字(2021)第036516号

责任编辑：石枫华　张　健　丁洪良　张　瑞
责任校对：张惠雯

城镇水务2035年行业发展规划纲要
中国城镇供水排水协会　主编
*
中国建筑工业出版社出版、发行(北京海淀三里河路9号)
各地新华书店、建筑书店经销
北京红光制版公司制版
建工社（河北）印刷有限公司印刷
*
开本：787毫米×1092毫米　1/16　印张：10¾　字数：194千字
2021年3月第一版　2024年7月第九次印刷
定价：**36.00**元
ISBN 978-7-112-25937-3
(37110)

编 委 会

参编人员及审查专家

第1章　总论

编写人员：高　伟　张志果　林明利

第2章　饮用水安全

编写人员：高　伟　王　育　许嘉炯　林明利　王如华
杨　力　周小莉　赵　锂　梁　恒　舒诗湖
张　硕　芮　旻　甘　静　曹伟新　许　龙
刘志远　陈　喆　李任飞　段　冬　张德浩
尤作亮　钟　华　王胜军　刘永旺　田　萌
王　洋　朱延平

审查专家：杨　敏　张金松　张晓健　邵益生　林国峰
郄燕秋　贾瑞宝

第3章　城镇水环境

编写人员：孙永利　张秀华　王金丽　高晨晨　李俊奇
刘　静　王文亮　孔彦鸿　尚　巍　周　方
陈　轶　古　励　艾海男　李　倩　张　维
李　婧　李家驹　张　伟　赵　杨　杨　正
张玲玲　刘　钰

审查专家：刘　翔　李　艺　李树苑　何　强　杭世珺
郑兴灿　胡洪营　蒋　勇

第4章　城镇排水防涝

编写人员：陈　嫣　赵　杨　刘广奇　李俊奇　朱　勇

王文亮　周广宇　张　伟　柯　杭　马步云
杨　正

审查专家： 张善发　周玉文　唐建国　黄　鸥　隋　军

第5章　资源节约与循环利用

编写人员： 戴晓虎　许　萍　王佳伟　龚道孝　姜立晖
曹江林　李　群　黄晓家　信昆仑　李小伟
李魁晓　焦二龙　王俊岭　李咏梅　杨东海
欧玉民　王湘晋　刘壮壮　陈梓豪　李泓雨
李一璇

审查专家： 王洪臣　陈同斌　黄晓家　杨向平　甘一萍
蒋　勇　刘遂庆

第6章　智慧水务

编写人员： 刘伟岩　韦有双　田　禹　梁　恒　刘书明
汪　力　郭颂明　段立功　刘艳臣　甘振东
魏小凤　郭泓利　郭　毅　魏　彬　林　峰
李志涛　刘　硕　朱　棋　戴雄奇　李芳芳
张辛平

审查专家： 赵冬泉　梁岩松　崔福义　刘百德　任希岩
王浩正　胡卫军　沈建鑫

编 制 单 位

组织单位： 中国城镇供水排水协会

承办单位： 中国城镇供水排水协会科学技术委员会

参编单位： 深圳市水务（集团）有限公司

中国城市规划设计研究院

上海市政工程设计研究总院（集团）有限公司

中国市政工程华北院设计研究总院有限公司

同济大学

北控水务集团有限公司

北京市市政工程设计研究总院有限公司

中国建筑设计研究院有限公司

上海城市排水系统工程技术研究中心

北京城市排水集团有限责任公司

中国市政工程中南设计研究总院有限公司

哈尔滨工业大学

东华大学

北京建筑大学

清华大学

重庆大学

西安建筑科技大学

鸣谢单位： 上海威派格智慧水务股份有限公司

序

党的十九大报告清晰擘画出我国全面建成社会主义现代化强国的时间表和路线图。党的十九届五中全会提出，全面建成小康社会、实现第一个百年奋斗目标之后，我们要乘势而上开启全面建设社会主义现代化国家新征程、向第二个百年奋斗目标进军，标志着我国进入了一个新发展阶段。习近平总书记强调，要准确把握新发展阶段，深入贯彻新发展理念，加快构建新发展格局，推动“十四五”时期高质量发展，确保全面建设社会主义现代化国家开好局、起好步。

水是生命之源、生产之要、生态之基。我国淡水资源总量约为 28000 亿立方米，占全球淡水资源总量的 6%，居世界第 4 位；但我国又是一个缺水严重的国家，人均水资源量只有 2000 立方米左右，仅为全球平均水平的 1/4，是全球人均水资源最贫乏的国家之一。按照联合国环境规划署对水资源禀赋状况划分标准，我国约有 2/3 的城市存在不同程度的缺水问题。城镇是人类生产、生活的重要空间载体，水是支撑城镇经济社会发展不可或缺的基本要素。我国城镇人口高度聚集、社会经济发展强度大，与水资源环境承载能力不相适应的矛盾十分突出。习近平总书记多次做出重要指示，提出“节水优先、空间均衡、系统治理、两手发力”的工作方针，并就做好城镇水安全工作，进一步要求“以水定城、以水定地、以水定人、以水定产”，把水资源作为城镇社会经济发展的最大刚性约束。

改革开放以来，我国城镇水务事业不断发展壮大，城镇供水、排水设施全面普及，基本实现了从无到有“量的积累”，支撑了城镇居民正常生活、社会正常生产和国家经济社会发展。据统计，目前我国城镇年用水总量大约 750 亿立方米，约占全国水资源总用量的 12%，支撑了全国约 60%城镇化率和近 90%生产总值的用水。与此同时，我们也必须清醒地认识到，当前我国城镇水务还存在着明显短板和薄弱环节，地区差异、设施系统不匹配等不均衡、不充分的问题仍然突出，饮用水安全和城镇内涝风险、城镇水环境堪忧等问题依然存在，发展质量和效率不高，还不足以满足人民群众获得感、幸福感、安全感日益增长的需求。为此，城镇水务行业要根据新发展阶段的新要求，坚持以人民为中心的发展思想，从根本宗旨、问题导向、忧患意识上把握新发展理念，精准施策、有的放矢。要贯彻海绵城市建设理念，尊重自然、顺应自然、保护自然，保证生态系统的完整性、系统性，统筹好城镇水务发展与安全，增强城镇应对极端气候的弹性和韧性；要贯彻节能降碳协同理念，城镇水务行业耗能大，污水中也蕴藏着大量的能源和资源，应加大相关方面技术创新，在节能降耗的同时发展绿色能源，为我国实现2030年碳达峰、2060年碳中和做出应有贡献；要贯彻基于信息化、数字化、智能化的新型城市基础设施建设理念，加快推进智慧水务建设，整体提升城镇水务智能管理、资源节约、系统效能和安全运行水平，推动城镇水务实现“质的飞跃”，为建设宜居城市、绿色城市、安全城市、智慧城市、人文城市提供支撑。

为准确把握我国城镇水务行业2035年发展目标，助力基本实现社会主义现代化，中国城镇供水排水协会组织行业内有关单位和院士、勘察设计大师、知名专家学者等百余人，历时一年多编制了《城镇水务2035年行业发展规划纲要》，结合我国实际和发展需求，对标国际先进发展水平与趋势，以问题、目标、结果为导向，从饮用水安全、城镇水环境、城镇排水防涝、资源节约与循环利用、智慧水务等5方面为切入点，提出了2035年我国城镇水务行业发展目标、任务、实施路径与方法，具有很高的行业前瞻性。相信《城镇水务2035年行业发展规划纲要》的发布，必将对我国城镇水务行业发展起到积极促进和引导作用，对各地编制城镇供水排水“十四五”规划、推动城镇水务行业高质量发展具有很好的参考价值。

希望全国城镇水务行业从业者凝心聚力，为不断满足人民群众日益增长的美好生活需要做出应有贡献。

是为序。

中国城镇供水排水协会会长：章林伟

中国城镇供水排水协会

中水协〔2020〕42号

关于颁布实施《城镇水务2035年行业发展规划纲要》的通知

各地方水协、会员单位、水务企业及有关单位：

由中国城镇供水排水协会科技委组织编制的《城镇水务2035年行业发展规划纲要》业已完成，经中国城镇供水排水协会科技发展战略咨询委员会审定通过（见附件1），现予发布（见附件2）。在实施过程中有何问题和建议，请及时反馈中国城镇供水排水协会秘书处。

联系人：张世和　18629194770　zsh@cuwa.org.cn

附件：1.《城镇水务2035年行业发展规划纲要》审查会专家评审意见

2.《城镇水务2035年行业发展规划纲要》

2020年10月20日

抄报：住房和城乡建设部城市建设司、标准定额司。

专家评审意见

中国水协科技发展战略咨询专家委员会，于2020年8月21日在北京对中国水协科技委牵头组织编制的《城镇水务2035年行业发展规划纲要》（以下简称《规划纲要》）进行了讨论和咨询，专家们审阅了《规划纲要》、听取了中国水协科技委代表编制组的汇报，经质询和讨论，形成如下评审意见：

一、为了科学引领行业持续发展，使城镇水务行业发展能够有力支撑我国社会经济发展和城镇化发展的需求，编制《城镇水务2035年行业发展规划纲要》是非常必要的。

二、《规划纲要》编制思路清晰，目标定位准确，五个板块的总体框架设置合理，重点突出。《规划纲要》对标国际先进标准，明确了今后15年城镇水务行业的发展目标、重要指标和重点任务，提出了实施路径和方法，对城镇水务行业的可持续发展具有重要指导意义。

三、建议参照专家意见修改完善后，尽快出台。

组长：

2020年8月21日

前言

中国共产党第十九次全国代表大会报告清晰地勾勒出全面建成社会主义现代化强国的时间表和路线图，即“在2020年全面建成小康社会、实现第一个百年奋斗目标的基础上，再奋斗15年，在2035年基本实现社会主义现代化；从2035年到21世纪中叶，在基本实现社会主义现代化的基础上，再奋斗15年，把我国建成富强、民主、文明、和谐美丽的社会主义现代化强国”。城镇水务作为支撑我国社会经济和城镇化健康有序发展的重要行业，使命艰巨，同时挑战与机遇并存。为了准确把握我国城镇水务行业2035年的发展目标，科学引领行业持续发展，使城镇水务行业发展能够有力支撑我国社会经济和城镇化发展的需要，满足生态文明建设与城镇百姓美好生活的需求，中国城镇供水排水协会组织编制了《城镇水务2035年行业发展规划纲要》（以下简称《规划纲要》）。

《规划纲要》秉承生态文明、绿色发展、以人为本、高品质发展的宗旨，坚持对标国际、立足长远、面向需求、实事求是的原则，力争规划做到高起点、上水平、强引领、补短板。

《规划纲要》由总论和饮用水安全、城镇水环境、城镇排水防涝、资源节约与循环利用和智慧水务等五个专业篇章组成。《规划纲要》从现状入手，深入分析当前的问题，对标国际先进标准，吸收国际先进经验，按照国家2035年的总体部署，明确了今后15年城镇水务行业的发展目标和指标；以问题、目标和结果为导向，凝练任务，提出了实施路径与方法。

《规划纲要》的编制集行业之智慧，谋行业之发展，由国内水务行业数十家知名企业、大专院校、科研设计院所的上百位专家，历经一年多的时间编撰而成。《规划纲要》编制的总体工作由中国城镇供水排水协会科技委牵头。具体工作分工为：第1章总论由中国城市规划设计研究院牵头负责；第2章饮用水安全由上海市政工程设计研究总院（集团）有限公司牵头负责；第3章城镇水环境由中国市政工程华北设计研究总院有限公司牵头负责；第4章城镇排水防涝由上海市政设计研究总院（集团）有限公司牵头负责；第5章资源节约与循环利用由同济大学牵头负责；第6章智慧水务由北控水务集团牵头负责。

《规划纲要》在编制过程中，中国城镇供水排水协会（以下简称“中国水协”）多次组织召开专家咨询会，广泛听取各方意见。初稿完成后，中国水协又反复征求行业专家、水协分支机构和地方水协的意见，几易其稿。最后，《规划纲要》经中国城镇供水排水协会科技发展战略咨询委员会审定后定稿。

十九届五中全会提出的《中共中央关于制定国民经济和社会发展第十四个五年规划和二〇三五年远景目标的建议》指明了今后一个时期我国高质量发展的前进方向、目标任务、战略举措。住房和城乡建设部王蒙徽部长针对住建部门落实国家“十四五”规划提出了《实施城市更新行动》。今后 15 年对我国来说是非常重要的战略机遇期，也是完善和发展中国特色社会主义制度，推进国家治理体系和治理能力现代化的关键时期，城镇水务行业的发展也必须与国家社会经济发展同频共振。《规划纲要》的发布实施必将对促进城镇水务行业健康发展，推进水务行业技术进步，提升行业整体水平发挥积极作用。今年是国家第十四个五年计划的开局之年，希望本《规划纲要》在各地编制城镇给水排水十四五规划中也能够发挥积极的作用。

规划编制过程中得到住房和城乡建设部领导的大力支持和悉心指导，各章节主编单位和参编单位给予了人力、物力和财力上的全力支持和配合，编制组成员和编审专家付出了辛勤的劳动，在此一并表示感谢。

目 录

第 1 章 总论 …… 1
1.1 背景与思路 …… 1
1.1.1 编制背景 …… 1
1.1.2 编制思路 …… 2
1.2 主要内容 …… 3
1.2.1 指导思想 …… 3
1.2.2 基本原则 …… 3
1.2.3 发展目标 …… 4
1.2.4 重点任务 …… 7
1.3 保障措施 …… 8
1.3.1 加强组织落实 …… 8
1.3.2 推动政策完善 …… 9
1.3.3 加强行业自律 …… 9
1.3.4 强化科技支撑 …… 9
1.3.5 注重能力建设 …… 9
第 2 章 饮用水安全 …… 11
2.1 现状与需求 …… 11
2.1.1 发展现状 …… 12
2.1.2 存在问题 …… 17
2.1.3 发展趋势 …… 20
2.2 目标与任务 …… 21
2.2.1 总体目标 …… 21
2.2.2 重点任务 …… 22
2.3 路径与方法 …… 23
2.3.1 重视饮用水水源建设与保护 …… 23
2.3.2 有序推进城镇供水设施改造建设 …… 24

2.3.3 全过程保障饮用水安全 …… 25
2.3.4 提升服务效率与水平 …… 28
2.3.5 健全政策机制与实施创新驱动 …… 29
第3章 城镇水环境 …… 31
3.1 现状与需求 …… 31
3.1.1 发展现状 …… 36
3.1.2 存在问题 …… 43
3.1.3 发展趋势 …… 48
3.2 目标与任务 …… 48
3.2.1 总体目标 …… 48
3.2.2 重点任务 …… 49
3.3 路径与方法 …… 51
3.3.1 全面提升城镇排水系统收排效能 …… 51
3.3.2 全面提高城镇污水处理厂效率 …… 53
3.3.3 加强降雨径流污染控制 …… 55
3.3.4 营造优美宜居的城镇水生态环境 …… 55
3.3.5 积极推进“厂网河（湖）”一体专业化运营管理模式 …… 56
第4章 城镇排水防涝 …… 58
4.1 现状与需求 …… 58
4.1.1 发展现状 …… 58
4.1.2 存在问题 …… 66
4.1.3 发展趋势 …… 69
4.2 目标与任务 …… 70
4.2.1 总体目标 …… 70
4.2.2 重点任务 …… 70
4.3 路径与方法 …… 73
4.3.1 加强规划引领，强化顶层设计 …… 73
4.3.2 加快建立高标准的城镇排水防涝工程体系 …… 74
4.3.3 加强内涝风险管理和应急体系建设 …… 76
4.3.4 加强智能化管理提高城镇韧性 …… 76

4.3.5 加强专业人才培养和继续教育 …… 77
第5章 资源节约与循环利用 …… 78
5.1 城镇节水 …… 78
5.1.1 现状与需求 …… 78
5.1.2 目标与任务 …… 87
5.1.3 路径与方法 …… 88
5.2 节能降耗 …… 90
5.2.1 城镇供水系统的节能降耗 …… 91
5.2.2 城镇排水系统的节能降耗 …… 94
5.3 污泥资源回收与利用 …… 97
5.3.1 现状与需求 …… 98
5.3.2 目标与任务 …… 107
5.3.3 路径与方法 …… 108
第6章 智慧水务 …… 114
6.1 现状与需求 …… 114
6.1.1 发展现状 …… 114
6.1.2 存在问题 …… 117
6.1.3 发展趋势 …… 118
6.2 目标与任务 …… 119
6.2.1 总体目标 …… 119
6.2.2 重点任务 …… 121
6.3 路径与方法 …… 124
6.3.1 实施路径 …… 124
6.3.2 重点应用领域 …… 128
附录 城镇水务2035年行业发展规划纲要指标说明 …… 139

第1章　总　　论

1.1　背景与思路

水是人类赖以生存的基本条件，也是21世纪各国普遍关注的焦点。当今世界面临着水资源短缺、水污染严重、洪涝灾害频发等一系列迫切需要解决的问题，这些问题已对各国的社会经济发展构成了重大威胁，因此水的安全问题和粮食安全、生态安全一样，成为影响社会经济稳定发展的国家战略问题。

水的问题和城市发展密切相关。城镇化的迅速发展造成生产、生活用水的大幅增加，造成淡水资源更加短缺，水环境污染问题日趋严重。高度城镇化破坏了原有的生态环境，自然下垫面的破坏影响水文循环规律，导致雨季洪涝泛滥，而旱季严重缺水。因此，均衡发展是我国新时期水行业的重要发展战略。

1.1.1　编制背景

党的十九大报告描绘了分两个阶段到21世纪中叶全面建成社会主义现代化强国的宏伟蓝图。第一阶段、“从二〇二〇年到二〇三五年，在全面建成小康社会的基础上，再奋斗十五年，基本实现社会主义现代化”。到2035年，“我国经济实力、科技实力将大幅跃升，跻身创新型国家前列”“国家治理体系和治理能力现代化基本实现”“城乡区域发展差距和居民生活水平差距显著缩小，基本公共服务均等化基本实现，全体人民共同富裕迈出坚实步伐”“生态环境根本好转，美丽中国目标基本实现”。同时，党的十九大做出了“我国社会主要矛盾已经转化为人民日益增长的美好生活需要和不平衡不充分的发展之间的矛盾”的新判断。

城镇水务是保障城镇安居乐业、安全运行和环境保护的基础性、公益性事业，直接关系人民群众切身利益、经济社会可持续发展。改革开放以来，城镇水务事业不断发展壮大，为保障人民群众正常生活、社会正常生产和国家经济社会发展做出了应有的贡献。十八大以来，在党中央、国务院坚强领导下，城镇水务相关规章制度和政策进一步完善，综合服务能力进一步提升，对社会经济发展的支撑能力进一步增强，城镇水务行业各项工作取得新进展。

与此同时，必须清醒认识到，城镇水务工作还存在着一些短板和薄弱环节，落后于国际先进水平，与有效支撑 2035 年“基本实现社会主义现代化”还有一定差距，这对广大城镇水务行业工作者而言，既是沉甸甸的压力，也是前进的动力。综合判断，我国城镇水务行业发展仍处于可以大有作为的重要战略机遇期，也面临诸多矛盾叠加、风险隐患增多的严峻挑战。

为使城镇水务行业发展能够有力地支撑我国社会经济和城镇化发展需要，助力“基本实现社会主义现代化”这一国家战略目标的实现，中国城镇供水排水协会组织编制《城镇水务 2035 年行业发展规划纲要》（以下简称《规划纲要》），旨在围绕“基本实现社会主义现代化”这一新时代中国特色社会主义发展的战略安排，面向经济社会发展需求，面向国家发展战略需求，进一步明确 2035 年基本实现城镇水务行业现代化的发展目标和发展蓝图，明晰未来 15 年城镇水务行业的主要任务与实施路径，引领城镇水务行业踏上新征程，推进新时代城镇水务行业现代化建设发展。

1.1.2 编制思路

《规划纲要》围绕人民群众最关心的龙头水水质安全、房前屋后水体黑臭、雨季内涝积水等突出问题，设置了饮用水安全、城镇水环境、城镇排水防涝 3 个板块，以期切实解决人民群众所关心的实际问题、从而使之安全放心并获得美好生活的幸福感；针对城镇水务行业发展方式粗放、发展质量和效益还不高的问题，充分考虑资源约束的基本国情，从资源节约的基本国策出发，寻求在自然资源约束下的最优利用和发展，结合“新基建”、“智慧发展”的趋势，设置了资源节约与循环利用、智慧水务 2 个板块，将传统产业与现代信息技术相结合，以期推动水务行业绿色低碳、节约高效、智慧发展。

1. 以问题为导向，科学构建水务体系

解决涉水问题，需要系统思维，从源头、过程、末端每个环节加强规划、建设、运营和管理。饮用水方面要构建从源头到龙头的安全保障体系，排水方面要构建厂、网、河（湖）一体的城镇水污染治理体系，排水防涝方面要充分发挥生态基础设施的作用，将绿色基础设施与灰色基础设相结合，构建完善的灰绿蓝耦合的现代化城镇排水防涝体系，打破以往头疼医头、脚疼医脚的碎片化做法，体现系统治水的理念和思路。

2. 以目标为导向，科学设定发展目标

对标新时代中国特色社会主义建设战略安排，研究借鉴发达国家城镇水务行业发展经验，正确把准发展规律和趋势，找准"基本实现社会主义现代化"的全局中城镇水务行业发展定位，注重百年大计，尽力而为、量力而行，从社会主义初级阶段的国情出发，科学设定城镇水务基本现代化的发展目标。

3. 以结果为导向，探索路径与方法

系统总结我国城镇水务发展现状，深入分析城镇水务行业存在问题及原因，综合考虑国情、管理体制机制、行业性质、设施建设及材料设备发展水平与制造能力、科技发展与支撑能力等因素，为确保实施发展目标的可达性，注重落地可操作性，实事求是提出符合城镇水务行业特点和发展需求的重点任务、实施路径与方法。

1.2 主要内容

1.2.1 指导思想

以习近平新时代中国特色社会主义思想为指导，深入贯彻党的十九大精神和十九届二中、三中、四中、五中全会精神，准确把握新发展阶段，深入贯彻新发展理念，加快构建新发展格局，紧紧围绕新时代提出的新课题新任务新要求，统筹推进"五位一体"总体布局和协调推进"四个全面"战略布局，坚持以人民为中心发展思想；坚持创新、协调、绿色、开放、共享新发展理念；坚持推动高质量发展，以供给侧结构性改革为主线；全面落实"节水优先、空间均衡、系统治理、两手发力"的新时期治水方针，牢牢把握城镇水务"公共服务"定位，进一步解放思想、开拓进取，推动城镇水务行业发展由追求速度规模向更加注重质量效益转变，由依靠传统要素驱动向更加注重创新驱动转变，为全面建成社会主义现代化强国、实现中华民族伟大复兴中国梦提供坚强支撑。

1.2.2 基本原则

1. 坚持以人为本

以满足人民群众多元化、多层次需求为导向，坚持以人民为中心的发展思想，不断满足人民对美好生活的向往、美好生态环境的需求，着力解决群众最关心、最直接、最现实的水生态、水环境、水资源、水安全和水文化问题，切实提高人民群众获得感、幸福感、安全感。

2. 坚持系统治理

以提高行业发展系统效能为导向，针对城镇水务行业发展的瓶颈和薄弱环节，坚持因地制宜，系统识别问题，加快行业转型升级和提质增效，注重城镇水务的整体性、系统性、协调性，加强战略谋划和前瞻部署，扎扎实实打基础，推进城镇水务行业高质量发展。

3. 坚持绿色发展

贯彻落实国家生态文明发展战略，坚持人与自然和谐共生，推进城镇水务绿色发展、循环发展、低碳发展，将绿色发展理念贯穿城镇水务全过程、各环节，加强绿色技术、工艺、装备推广应用，走生态文明的发展道路，切实提高城镇水务行业可持续发展能力。

4. 坚持创新驱动

坚持把创新摆在城镇水务行业发展全局的核心位置，强化城镇水务领域技术创新、管理创新、服务创新，注重借力发力，推动跨领域、跨行业协同创新，充分运用新机制、新模式、新技术激发城镇水务行业发展活力，促进城镇水务数字化、信息化、网络化、智能化，走创新驱动的发展道路，切实提高城镇水务行业创新发展水平。

1.2.3 发展目标

到2035年，全国城镇水务行业基本实现现代化。基本建成安全、便民、高效、绿色、经济、智慧的现代化城镇水务体系，建设一流水务设施、打造一流管理团队、提供一流服务保障，城镇水务行业更具创新活力、更具国际影响力、更具可持续发展能力，有效支撑基本实现社会主义现代化这一国家战略目标。

1. 安全、放心的现代化城镇水务系统

基本建成人民放心饮水、清水绿岸、水患无虞的城镇水务现代化安全保障体系，形成人民舒心满意、基础保障有力的便民惠民服务格局，全面提升饮用水安全保障能力、水生态环境质量和城镇内涝防治水平，各类风险隐患显著减少。

2. 绿色、经济的现代化城镇水务系统

基本建成节能低碳、成本合理的城镇水务现代化绿色发展体系，城镇水资源节约与循环利用水平显著提高，城镇水环境明显改善，城镇水资源环境综合承载力显著提升。

3. 智慧、高效的现代化城镇水务系统

基本建成智能智慧、集约高效的城镇水务现代化精细管理体系，不断满足人民生活需求、政府管理需求、行业发展需求，城镇水务精细化、信息化、智慧化管理水平显著提升。

表 1-1 所示为城镇水务 2035 年行业发展规划主要指标。

城镇水务 2035 年行业发展规划主要指标　　表 1-1

序号	内容	指标	2035 年规划目标	条文编号
1	饮用水安全	原水取水保证率	≥95%（特殊情况下，≥90%）	2.2.2.1
2		水源水质检测频率（地表水：《地表水环境质量标准》GB 3838—2002 中规定的水质检验基本项目、补充项目及特定项目每月不少于 1 次；地下水：《地下水质量标准》GB/T 14848—2017 中规定的所有水质检验项目每月不少于 1 次）	≥1 次/月	2.3.1.1
3		出厂水高锰酸钾指数	<3mg/L（有条件的地区，可控制在<2mg/L）	2.2.2.2
4		出厂水浊度	<0.5NTU（鼓励供水服务人口超过 100 万的城市，出厂水浊度控制在 0.3NTU 以下，甚至更低）	2.2.2.2
5		龙头水水质	达到《生活饮用水卫生标准》（GB 5749）的要求	
6		龙头水压力	0.08～0.10 MPa	
7		应急供水能力	≥7d	2.3.1.2
8		供水管网更新改造率	>2%/a	2.3.2.3
9		供水管网漏损率	<10%	
10		供水管网事故率	<0.2 件/（km·年）	
11	城镇水环境	旱天污水处理厂进水 BOD_5 浓度	>150mg/L	3.2.2
12		城镇新建项目雨水年径流污染物总量（以 SS 计）削减率	>70%	3.2.2
13		城镇改扩建项目雨水年径流污染物总量（以 SS 计）削减率	≥40%	
14		溢流排放口年均溢流频次（年溢流体积控制率）	4～6 次（>80%）	
15		合流制溢流污染控制设施 SS 排放浓度的月平均值	<50mg/L	

续表

序号	内容	指标	2035年规划目标	条文编号
16	城镇水环境	人体可直接接触类或休闲娱乐类城镇水体比例	>80%	3.2.2
17		旱天管道内污水平均流速	>0.6 m/s	3.3.1.2
18		污水管网淤泥厚度	淤泥深度不得高于管道直径的1/8	
19		污泥有机质含量	>60%	3.2.2
20		污泥稳定化和无害化处理率	达到100%	
21	排水防涝	城镇建成区雨水排水设施系统覆盖率	2025年达到100%	4.2.2.2
22		满足国家标准规定的内涝防治设施系统的覆盖率	达到100%	
23		城镇新开发建设项目实现年径流总量控制率	70%，且不高于开发前的要求	4.2.2.3
24		城镇排水基础设施地理信息系统（GIS）建设	地级以上城市应在2025年前全面完成	4.2.2.4
25		雨水管渠积泥	雨水口井底的积泥深度不得高于水管管底以下50mm；雨水管渠积泥深度不得大于管径的1/8	4.2.2.4
26	资源节约与循环利用	国家节水型城市达成率	极度缺水城市：2025年以前应全部达到国家节水型城市要求； 缺水型城市：应在2035年前达到国家节水型城市要求	5.1.2.2
27		万元GDP用水量	极度缺水型城市：2025年用水强度<25m^3/万元； 水资源紧缺城市：2035年用水强度<25m^3/万元	5.1.2.2
28		再生水利用率 （包括直接与间接再生利用）	极度缺水型城市：2025年再生水利用率>80%； 水资源紧缺城市：2035年再生水利用率>60%	5.1.2.2
29		药剂有效使用率（理论投加量/实际投加量）	>85%	5.2.1.2
30		输配水千吨水能耗［kW·h/（km^3·bar)］	在2020年能耗的基础上下降10%以上	
31		供水厂自用水率	<3%	
32		城镇污水处理厂污染物削减单位电耗	在2020年的基础上降低30%以上	5.2.2.2
33		城镇污水处理厂药耗削减率	在2020年的基础上： 单位总氮的碳源药耗降低30%以上； 单位总磷的药耗降低20%以上	

续表

序号	内容	指标	2035年规划目标	条文编号
34	资源节约与循环利用	城镇污水处理厂能源自给率	＞60%（有条件地区）	5.3.2.2
35		污泥处置土地利用率	＞60%（有条件地区）	
36		污泥营养物质回收率	磷＞90%；氮＞90%（有条件地区）	
37		好氧发酵产物的资源化利用率	＞95%	
38	智慧水务	地理信息系统覆盖程度	100%	6.2.3.1
39		BIM应用普及率	超大城市和特大城市：100%，大城市：100%	
40		在线监测	超大城市和特大城市：100%； 大城市：90%； 中等城市和小城市：80%； 县城关镇：60%	
41		自动/智能控制	超大城市和特大城市：95%； 大城市：95%； 中等城市和小城市及以下： 饮用水：95%；污水及雨水90%	6.2.3.2
42		数字化管理与服务	超大城市和特大城市：95%； 大城市：90%； 中等城市和小城市：80%	6.2.3.3
43		服务与信息公开	超大城市和特大城市：95%； 大城市：90%； 中等城市和小城市：80%	
44		智慧化决策	超大城市和特大城市：95%； 大城市：90%	6.2.3.4
45		网络安全	超大城市和特大城市：80%； 大城市：70%； 中等城市和小城市：60%	6.2.3.5

1.2.4 重点任务

1.2.4.1 构建从源头到龙头的饮用水安全保障体系

加强城镇集中式生活饮用水水源地的规划、保护与管理。全面开展系统风险评估，强化风险管控意识。科学推进城镇供水设施改造与建设，加强供水应急能力建设。提高原水、供水厂各工艺段、出厂水、输配管网、龙头水等各关键环节水质检测评估与结果反馈能力。在居民住宅、公共建筑内逐步推广环状“微循环”供水技术。推动水质信息公开，提升服务效率与水平。

1.2.4.2 构建厂网河（湖）一体专业化的城镇水环境治理体系

补齐城镇污水收集设施短板，规范管理排水行为，提高城镇居民生活污水集中收集率，实现污水收集设施效能提升。提高城镇污水处理系统精细化运管水平，全面提高城镇污水处理厂碳源利用效率，单位氮磷去除的碳源和药剂消耗显著降低。大力推进海绵城市建设，加强降雨径流污染控制。科学推进城市水体生态修复与生态恢复，积极推进再生水用于水体生态补水，营造优美宜居的城镇水生态环境。积极推进水务企业通过政府购买服务的方式承接厂网河（湖）一体专业化运营管理。

1.2.4.3 构建完善的灰绿蓝耦合的现代化城镇排水防涝体系

贯彻落实海绵城市建设理念，加强规划引领，强化顶层设计。结合老旧小区改造强化源头减排，加快排水设施提标建设与改造，优化完善排涝除险系统，建立高标准的城镇排水防涝工程体系。建立动态、规范化的内涝风险评估制度，建立信息共享机制，加强内涝风险管理和应急管理体系建设。加强城镇排水设施信息化建设，以智能化管理提高城镇韧性。

1.2.4.4 构建绿色低碳、集约高效的资源节约与循环利用体系

以新时期节水型城市创建为突破口，深入贯彻落实“以水定城、以水定地、以水定人、以水定产”的理念，加强城市水资源循序循环利用，显著提高城镇用水效率及资源环境承载力。我国提出了2030年碳达峰、2060年碳中和的目标，城镇水务是耗能大户，同时污水中也蕴藏着大量的能源和资源，降耗减碳并举，通过优化设计和运行管理，有效推进城镇供水、污水处理系统节能降耗，为我国实现碳达峰、碳中和战略目标做出应有的贡献。加大污泥资源化利用的规模和力度，全面实现污泥稳定化、无害化处理处置，实现污水处理系统和污泥资源化系统的循环链接。

1.2.4.5 构建新一代信息技术与水务业务深度融合的智慧水务体系

全面普及地理信息数字化建设，推进自控技术、智能技术与水务行业的深度融合，推进在线感知监测、工艺过程自动化等方面的技术进步，发展行业先进控制技术，实现控制智能化。建立完善的智慧水务标准体系，构建水务工业互联网等信息基础设施，建立保障水务行业数据采集与应用的信息安全体系，挖掘数据价值，实现数据资源化。打造智慧管理工具，创新水务行业管理新模式，实现管理精准化。构建复杂系统模型和算法，实现决策智慧化。

1.3 保障措施

1.3.1 加强组织落实

各级城镇供水排水行业协会应积极组织宣贯、指导和促进2035行业发展规划的落实，结合国家和当地的国民经济与社会发展规划，制订符合当地城镇水务行业现状与特点的分阶段发展目标和实施计划，统筹推进区域和地方的城镇水务发展。城镇水务企业可结合企业自身特点与发展需求贯彻落实2035行业发展规划；城镇水务材料设备等相关企业、科研设计单位等可结合2035行业发展规划，积极开展新技术、新工艺、新材料、新装备等方面的创新与研发，支撑2035行业发展规划的落实。

1.3.2 推动政策完善

推动完善与城镇水务相关的法规政策制度，加强城镇水务法律法规、规章、标准规范等政策制度的完整性、系统性和科学性，推进依法治水、依法管水。推动建立有利于资源节约与循环利用、有利于城镇水务行业良性健康可持续发展的财税、费价、土地保障等政策。积极争取各级、各类财政资金支持，努力拓宽融资渠道。

1.3.3 加强行业自律

开展城镇水务企业标杆引领行动，建立城镇水务行业黑名单、白名单制度，建立样板企业和实施方案，树立先进典范，促进城镇水务行业健康、持续、稳定发展。城镇水务企业应自觉遵守城镇相关法律法规、规章、标准规范等政策制度，更好承担应有的社会责任，推进提升企业规范化管理水平、自律能力。鼓励实行规模化经营，推动公平竞争，打破以项目为单位的分散运营模式，提高发展质量，积极培育一批行业大型水务企业，充分发挥骨干企业引领行业发展的作用。推动不同地区、不同规模、不同性质、不同特点城镇水务企业间技术和管理经验交流，促进共同进步。

1.3.4 强化科技支撑

城镇水务行业要坚持走创新驱动的发展道路，结合城镇水务行业发展需求，加大国际交流合作与研究力度，充分吸收国内外各行各业的先进经验和做法，组织开展科技攻关，推动相关技术及理论创新，解决制约城镇水务行业高质量发展的核心技术问题；激发企业创新内生动力，瞄准未来发展方向，大胆开拓未知领域，探索城镇水务新技术、新材料、新工艺、新装备，实施关键技术、仪器仪表、材料与设备研发以及重大关键工艺装备产业化应用与推广。

1.3.5 注重能力建设

坚持把人才发展战略作为城镇水务现代化能力建设的根本，走人才引领的发展道路。加强培训师资、培训教材和培训平台建设，提升城镇水务行业职业教育、在职培训水平。加强城镇水务专业技术人才、经营管理人才、技能工匠人才的培养、培育和再教育，大力发展职业教育和职业培训，加强岗前和岗中职业培训，提高从业人员的职业技能水平，建设一支素质优良、结构合理的城镇水务行业人才队伍。

第2章 饮用水安全

2.1 现状与需求

饮用水安全直接关系到我国经济社会发展和广大人民群众的身体健康。做好饮用水安全保障工作，对于保持社会经济安全稳定运行、推进新型城镇化建设、全面建成小康社会、基本实现社会主义现代化具有重要意义，是深入贯彻习近平新时代中国特色社会主义思想，落实以人民为中心发展思想、生态文明建设理念、高质量发展战略的基本要求。

党中央、国务院高度重视饮用水安全保障工作。2014年2月25日，习近平总书记到北京市自来水集团第九水厂调研时强调："水安全是涉及国家长治久安的大事，全党要大力增强水忧患意识、水危机意识，从全面建成小康社会、实现中华民族永续发展的战略高度，重视解决好水安全问题"。2013年9月，国务院印发《关于加强城市基础设施建设的意见》（国发〔2013〕36号），提出要"切实保障城市供水安全"；2015年4月，国务院发布《水污染防治行动计划》（国发〔2015〕17号），明确提出要"从水源到水龙头全过程监管饮用水安全"。《中华人民共和国国民经济和社会发展第十三个五年规划纲要》《中共中央 国务院印发国家新型城镇化规划（2014—2020年）》《国务院关于深入推进新型城镇化建设的若干意见》（国发〔2016〕8号）等文件，均将提高城镇供水安全保障水平作为改善民生的重要工作内容。

长期以来，按照党中央、国务院的部署，饮用水安全保障各相关部门及相关企事业单位等把饮用水安全保障工作摆在突出重要位置，工程建设速度显著加快、运行管理水平持续提升，取得了明显成效。但在全流程安全保障方面，仍存在水源保护不到位、风险管控意识不强、管理服务水平不高、政策制度不完善等问题，与人民群众对美好生活的需求仍有较大差距，这对未来饮用水安全保障工作提出了更大挑战。

2.1.1 发展现状

2.1.1.1 城镇供水服务基本普及

中华人民共和国成立以来，特别是改革开放以来，我国城镇供水迅速发展，城镇供水设施能力不足造成的缺水问题基本得到缓解。从全国层面来看，城镇居民自来水普及率达98%以上，全国绝大部分城市、县城均实现了24小时不间断供水，彻底改变了建国初期大部分城镇居民家庭没有自来水的局面。

截至2018年底，全国城市供水综合生产能力3.12亿m^3/d，供水管道长度为86.68万公里，较改革开放初期（1978年底）分别增加了11倍和23倍；全国县城供水综合生产能力约0.74亿m^3/d，供水管道长度约24.25万公里，分别是2000年底的2.0倍和3.5倍，有效保障了居民正常用水安全、支撑了城镇化和社会经济发展。

此外，在苏锡常、杭嘉湖等城镇密集地区，由当地人民政府统筹规划，建设部门具体实施，将供水管网延伸到周边乡镇和农村，推行城乡统筹区域供水，形成了城乡供水同网、同质、同价、同服务的供水格局，有效提高了城市周边地区的乡镇和农村供水水质和服务质量，为推动各地促进社会主义新农村建设提供了先进经验。

专栏1

1978年～2018年全国城市供水综合生产能力、供水管道长度、城市用水普及率

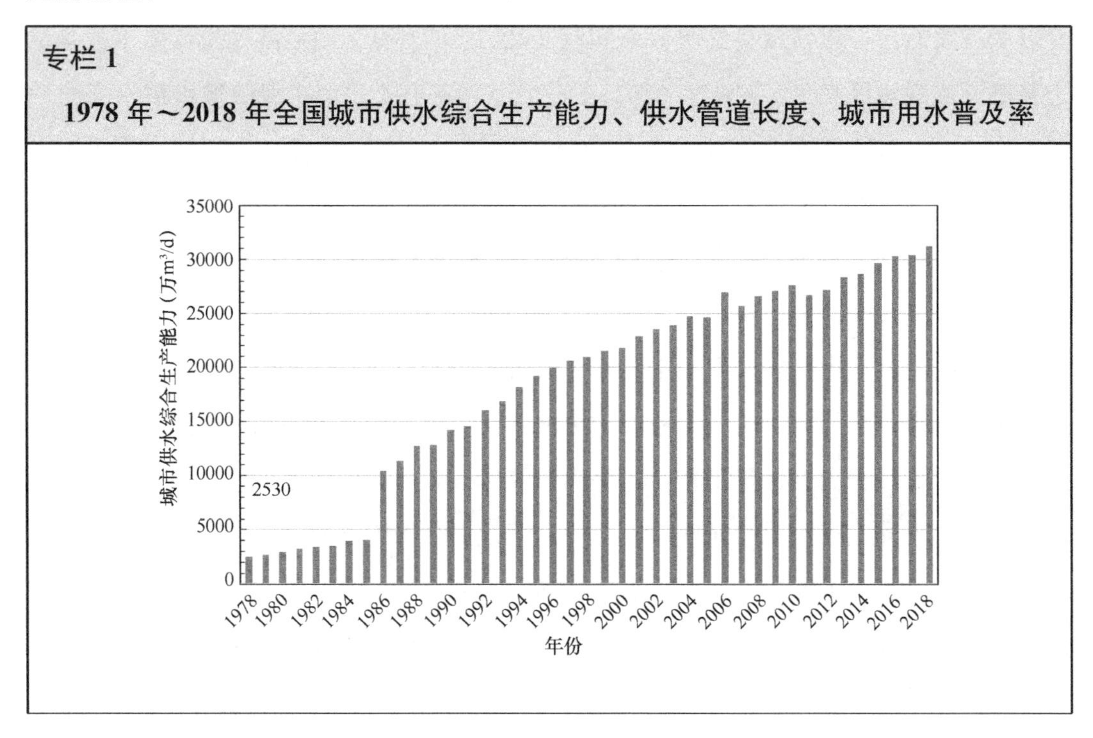

续表

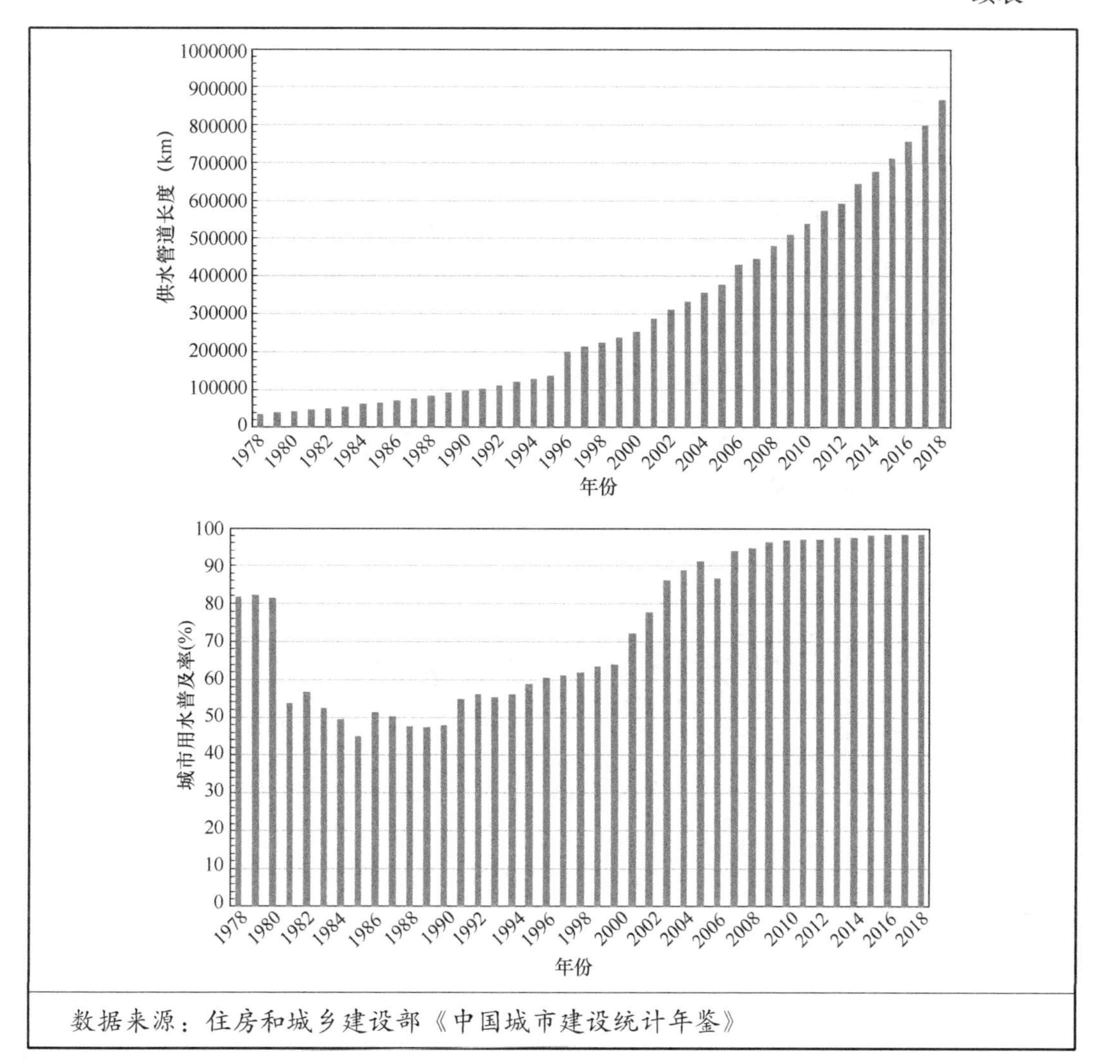

数据来源：住房和城乡建设部《中国城市建设统计年鉴》

2.1.1.2　饮用水水质大幅提升

国家卫生部门、建设部门于 1955 年、1959 年、1976 年、1985 年、2001 年、2006 年对《生活饮用水卫生标准》进行了多轮制修订，水质指标数量日趋完善、限值也越来越严格。2007 年 7 月 1 日起实施的国家标准《生活饮用水卫生标准》（GB 5749—2006），水质控制指标由 1985 年版本的 35 项增加至 106 项，涵盖了感官性状和一般化学指标、毒理指标、消毒剂指标、微生物指标、放射性指标等，已与国际先进水平看齐。《生活饮用水卫生标准》GB 5749—2006 颁布实施后，在住房和城乡建设部门的大力推动和指导下，在各级财政、发改等部门和社会资本的资金支持之下，针对原水水质特征和自来水水质提高的要求，自来水净水工艺在“混凝—沉淀—过滤”传统工艺基础上，推出了多种深度处理工艺并不断丰富和完善，供水厂的出水水质逐步提升，水质安全保障度也大大提高。

2.1.1.3 监督管理制度体系初步形成

1. 法规制度管理体系

1994年国务院颁布实施了《城市供水条例》（国务院令第158号），这是一部专门指导和规范城市供水的重要行政法规，各地依据《城市供水条例》，结合本地特点制定了相应的地方法规。在行政管理层面，形成了以住房和城乡建设部门为城市供水主管部门、生态环境部门与水利部门为水源保护主管部门，以卫生健康部门为水质卫生监督部门，以发改、财政等部门为投资、价格、税务等主管部门的综合管理体系。各部门以部门规章、规范性文件等形式制订了一系列政策文件，建立了涵盖饮用水水源保护、城镇供水设施规划建设改造运行维护、城镇供水服务、应急处置等的标准规范体系，为依法依规管理和保障饮用水安全提供了依据。

专栏2

近期国家在城镇供水方面出台的重要政策文件

文件名称	涉及城镇供水的主要内容
水污染防治法 （中华人民共和国第十二届全国人民代表大会常务委员会第二十八次会议于2017年6月27日通过修改，自2018年1月1日起施行）	首次从法律层面对饮用水供水单位提出具体要求： 第七十一条　饮用水供水单位应当做好取水口和出水口的水质检测工作。发现取水口水质不符合饮用水水源水质标准或者出水口水质不符合饮用水卫生标准的，应当及时采取相应措施，并向所在地市、县级人民政府供水主管部门报告。供水主管部门接到报告后，应当通报环境保护、卫生、水行政等部门。 饮用水供水单位应当对供水水质负责，确保供水设施安全可靠运行，保证供水水质符合国家有关标准。 第七十二条　县级以上地方人民政府应当组织有关部门监测、评估本行政区域内饮用水水源、供水单位供水和用户水龙头出水的水质等饮用水安全状况。 县级以上地方人民政府有关部门应当至少每季度向社会公开一次饮用水安全状况信息
水法 （2016年7月2日第十二届全国人民代表大会常务委员会第二十一次会议修订通过）	第三十三条　国家建立饮用水水源保护制度。省、自治区、直辖市人民政府应当划定饮用水水源保护区，并采取措施，防止水源枯竭和水体污染，保证城乡居民饮用水安全

续表

文件名称	涉及城镇供水的主要内容
城市供水条例 （1994年7月19日国务院令第158号发布，自1994年10月1日起施行）	在过去25年间，对城市饮用水安全保障工作起到了积极作用。 从城市供水水源、城市供水工程建设、城市供水经营、城市供水设施维护，以及违反条例所应受的处罚等方面进行了详细规定
城市供水水质管理规定 （2006年12月26日经建设部第113次常务会议讨论通过，自2007年5月1日起施行）	依据该规定，建立了城市供水水质监督监测体系。 城市供水水质监测体系由国家和地方两级城市供水水质监测网络组成。 国家城市供水水质监测网，由建设部城市供水水质监测中心和直辖市、省会城市及计划单列市等经过国家质量技术监督部门资质认定的城市供水水质监测站组成。 地方城市供水水质监测网（以下简称地方网），由设在直辖市、省会城市、计划单列市等的国家站和其他城市经过省级以上质量技术监督部门资质认定的城市供水水质监测站（以下简称地方站）组成
生活饮用水卫生监督管理办法 （经住房和城乡建设部常务会议、国家卫生计生委委主任会议审议通过修改，自2016年6月1日起施行）	明确了卫生计生、住房城乡建设两部门在饮用水卫生监督管理方面的职责划分。 国务院卫生计生主管部门主管全国饮用水卫生监督工作，县级以上地方人民政府卫生计生主管部门主管本行政区域内饮用水卫生监督工作。 国务院住房城乡建设主管部门主管全国城市饮用水卫生管理工作。县级以上地方人民政府住房城乡建设主管部门主管本行政区域内城镇饮用水卫生管理工作
城镇供水规范化管理考核办法 （住房和城乡建设部，建城〔2013〕48号，2013年实施）	首次建立城镇供水规范化管理方面的部、省两级考核制度。 住房城乡建设部负责指导和监督城镇供水规范化管理考核工作。省（自治区、直辖市）住房城乡建设（城市供水）主管部门负责组织实施本辖区城镇供水规范化管理考核工作

续表

文件名称	涉及城镇供水的主要内容
关于加强和改进城镇居民二次供水设施建设与管理确保水质安全的通知 （住房和城乡建设部、国家发展改革委、公安部、国家卫生计生委，建城〔2015〕31号）	明确提出了二次供水设施统建统管的发展方向。 鼓励供水企业通过统建统管、改造后接管、接受物业企业或业主委托等方式，对二次供水设施实施专业运行维护。 强调要落实运行维护费用，收费标准要覆盖二次供水设施正常运行、水质安全保障及设施折旧、大修维修等费用，并根据二次供水不同运营主体，确定运行维护费征收方式。同时明确，二次供水设施运行电价执行居民用电价格
城市供水行业反恐怖防范工作标准 （住房和城乡建设部、国家反恐办，建城〔2016〕203号）	首次针对城市供水行业反恐怖防范工作提出系统性的具体要求
城市供水价格管理办法 （国家计委、建设部，计价格〔1998〕1810号）	对水价分类与构成、制定、申报与审批、执行与监督等进行了明确规定

2. 水质监测监督体系

原环境保护部、水利部建立了水源保护督查制度，对全国饮用水水源保护工作定期开展督查督办。住房和城乡建设部建立了“二级网、三级站”城市供水水质监测体系，包括44个国家站和200多个地方站，每年对全国城镇自来水生产质量情况开展水质督察，及时通报相关情况并督促各地及时整改发现的问题；依据《城镇供水规范化管理考核办法》，每年组织考核并通过地方主管部门通报发现的问题，有效促进了城镇供水规范化管理、提高了城镇供水水质的保障能力。国家卫生健康委每年组织对集中式供水系统开展水质抽样监测。

3. 引入市场竞争机制

出台《市政公用事业特许经营管理办法》、《关于加强市政公用事业监管的意见》、《关于进一步鼓励和引导民间资本进入城市供水、燃气、供热、污水和垃圾处理行业的意见》等，在城镇供水行业推行特许经营制度，规范引入社会资本的途径和方式。

2.1.1.4 支撑保障体系逐步建立

1. 应急保障支撑体系

为更好应对水源污染、地震泥石流等危害城镇供水安全的突发事件，住房和城乡建设部印发《城市供水系统重大事故应急预案》等，各地根据当地实际情况编制了更为详细的城镇供水应急预案，组织编制了《城市供水系统应急净水技术指导手册》，给出了100余种污染物的应急处理技术及其工艺参数。为提高全国供水应急救援能力，住房和城乡建设部分别在辽宁抚顺、山东济南、江苏南京、湖北武汉、广东广州、河南郑州、四川绵阳、新疆乌鲁木齐8个城市建立国家应急供水救援中心，实现12小时内到达应急地点，满足应急供水需求。

2. 科技支撑体系

为引导城镇供水行业推进技术进步发展，中国城镇供水协会* 于1992年编制印发了《城市供水行业2000年技术进步发展规划》，提出“两提高、三降低”的技术进步发展目标；于2005年编制印发了《城市供水行业2010年技术进步发展规划及2020年远景目标》，在总结2000年技术进步发展规划成果基础上，提出了城镇供水行业技术进步发展方向、目标与任务，为城镇供水行业技术进步提出了明确指引、发挥了重要作用。国家重大科技专项专门设置水体污染控制与治理科技重大专项，形成了饮用水安全保障系列科技成果和工艺改造试点示范工程，为城镇供水设施改造与建设提供了强有力的技术支撑。

2.1.2 存在问题

2.1.2.1 区域发展不平衡

1. 设施供给能力不均衡

地区间不平衡，2018年东部地区、中部地区、西部地区的城市用水普及率分别约为100%、97%和95%，其中西部地区城市供水普及率低于全国水平近3个百分点。不同规模城市间也有明显差异。2018年全国县城用水普及率约为94%，远低于城市用水普及率（98.4%），县城供水能力有待提高。此外，西部地区一些城镇甚至不能满足24小时连续供水的需求。同时，即使在同一地区，也存在部分城镇供水总量有富余，但局部片区供水紧张局面。

---

* 中国城镇供水排水协会前身为成立于1985年的中国城镇供水协会，2006年9月，由中国土木工程学会水工业分会和中国市政工程协会城市排水专业委员会并入中国城镇供水协会后正式成立中国城镇供水排水协会。

2. 管理服务水平参差不齐

东部发达省份的供水厂工艺技术、运行管理等水平明显高于西部不发达地区。部分城市、县城和建制镇不同程度地存在供水厂工艺落后、供水设施老旧、企业专业人才短缺、企业管理理念落后等问题，导致供水服务水平不高、饮用水水质安全风险犹存。

2.1.2.2　水源等外部条件日益复杂

1. 部分地区水源水质不达标

部分地区水源水质差，不能满足集中式生活饮用水水源标准，即现行国家标准《地表水环境质量标准》GB 3838 Ⅱ类或《地下水质量标准》GB 3838 Ⅲ类水质的要求。根据生态环境部《2018中国生态环境状况公报》，全国地级及以上城市集中式生活饮用水水源达标比例为89.8%。供水厂常规净水工艺往往难以应对不达标的水源水质，难以有效去除因水源污染或本底自然条件所带来的特殊物质，供水厂担负了较大的水质安全保障风险。

2. 缺少应急备用水源

部分城镇饮用水水源单一，没有备用水源或应急水源，一旦遇到突发事件，可能导致无可用水源，将严重影响居民饮用水正常使用、影响城镇运行安全。

3. 突发性事件频发，应急能力仍存短板

突发性水源污染、自然灾害等突发事件具有较大的不可预见性，可能会给城镇供水设施、供水管网带来巨大的打击，从而严重影响供水安全。当前，我国供水应急能力建设经费不足，物资储备、队伍建设等方面存在短板，部分地方政府缺乏统一、科学、有序的应急响应机制，往往出现过度、无序反应，不仅增加了应急救援难度，还给社会带来一定的负面影响。

2.1.2.3　全流程保障不到位

1. 风险管控意识不强

部分城镇在日常的供水设施运行维护管理中缺乏风险管控意识，未针对饮用水安全保障系统的特点，识别各个环节可能出现的风险，不能准确把握城镇供水系统各个环节存在的潜在风险源；未针对潜在风险提出针对性预防和解决措施，及时将风险遏制在源头，这可能导致一些风险越积越大、由点及面等，进而造成影响居民正常用水、城镇正常运行的饮用水安全事故。

2. 输配、加压调蓄设施二次污染风险高

由于材料技术、施工与修复技术、资金与管理水平等因素的影响，现有输配水管网存在不同程度的老化、破损现象，导致跑冒滴漏水量流失。全国相当比例城镇的供水管网漏损率不满足现行行业标准《城镇供水管网漏损控制及评定标准》CJJ 92 要求，同时水质在输送过程中易产生“二次污染”，影响城镇供水水质。由于物权或建设程序的限制，二次供水（其实质是二次加压调蓄设施）建设质量管理与运行维护责任脱节，建设单位未依法承担质量责任。二次供水设施无序设置（以建筑小区、甚至以楼宇为单位进行设置）也加大了对市政供水管网稳定运行管理的冲击、水锤现象频发，造成漏损加大、爆管事故增多。城镇供水企业在二次加压调蓄设施的规划布局、材料选择、设备配置、工程质量等方面难以进行严格管控，部分设施老化现象严重、卫生防护与安全防范条件差，导致龙头水浊度、色、嗅等感官性指标问题突出。管道老化、管网清洗不及时导致的自来水水黄问题，老百姓反映比较强烈。

2.1.2.4 产业集中度低

由于缺乏严格的市场准入和退出制度，一些没有管理经验和经营业绩的企业进入城镇供水行业，市场小、散、乱、差，增加了运营风险。据初步统计，全国城市（含县城）共有约 2500 多家供水企业，平均一个城市（含县城）供水企业为 1.1 个。从供水规模来看，小于 2 万吨/日的供水企业个数近 1000 个，占总数的 40%，但其供水能力仅占全国总供水能力的 3%；81%供水企业的供水规模小于 10 万吨/日。这距离成熟的产业发展模式差距甚大。

2.1.2.5 政策法规不完善

1. 法规亟待修订

1994 年颁布的《城市供水条例》已经实施了 26 年，对饮用水安全保障工作起到了积极作用。但随着城镇化和市场经济的快速发展，《城市供水条例》在规范城镇供水设施规划设计、建设改造、运行管理、行政监管等方面以及城镇供水经营、市场竞争等方面还存在不足，难以适应饮用水安全保障工作的新形势，亟需修订。

2. 资金投入、价格等行业政策不完善，制约供水行业发展

城镇供水作为重要的民生工程，是重要的资源供给行业，具有自然垄断、基础保障的行业特点，公益性质很强，但一些政策对供水行业的属性考虑不足，制约供水行业发展。一是政府没有稳定、合理的投入资金政企分担机制，尤其是针对原水品质下降（其原因不能完全划归为地方政府和供水企业的事权）、供水水质提升，带来设施更新改造的必要投入未能引起足够的重视。二是由于水价受 CPI 等多种因素影响，多数城镇供水价格调整不能及时到位，难以覆盖城镇供水全成本，企业承担未计入定

价成本的费用，亏损严重。据中国城镇供水排水协会2018年对全国约600家供水企业的调查统计，按现行水价政策匡算，超40%的供水企业处于亏损状态。三是城镇供水行业在土地使用、用电、增值税、企业所得税等方面所享受的政策待遇与其公共服务行业属性不匹配。这些因素导致供水设施得不到及时更新改造、影响正常运营，制约城镇供水行业的良性健康发展，威胁城镇供水安全。

3. 特许经营制度还不完善

政府和企业权利责任界限不明确。一方面，供水企业承担了过多的社会公益责任；另一方面，部分城镇政府缺少对特许经营企业的保护政策，如在城镇供水管网覆盖范围内存在一定数量的自备井，且多为供水价格较高、用水规模较大的非居民用户或特种行业用水户，政府未能及时严格禁止。

2.1.2.6　信息公开不及时

1. 水质信息公开不及时

随着老百姓维权意识、参与意识的提高，饮用水水质监测信息也越来越受关注。饮用水水质信息公开涉及生态环境、住房和城乡建设、卫生健康等多个部门，涉及城镇集中式饮用水水源、出厂水和用户水龙头出水等水质信息。各部门之间的信息公开缺少衔接，各地在信息公开具体内容的理解也存在较大差异，导致不同地方饮用水水质信息公开程度不一致、公开内容千差万别，难以保证广大人民群众的知情权。

2. 信息解读不到位

饮用水水质信息专业性强，普通民众难以科学认识水质指标检测值的含义。同时，“直饮水”概念的混乱和商业炒作，更加剧了公众对“自来水”品质饮用安全保障的困惑。及时科普宣传解读工作的缺失，不仅给公众造成宣传方式多变、口径不一的认识误区，还容易造成不必要的社会恐慌，也不利于提升供水行业的安全信任度。

2.1.3　发展趋势

2.1.3.1　坚持以人为本，抓牢龙头水达标的基本目标

人民群众是饮用水安全保障工作的服务对象，让人民满意是城镇供水行业永恒不变的发展目标。随着人民生活水平的提高和水质标准的提升，人民群众对饮用水水质越来越关注、要求也越来越高。推进饮用水安全保障工作，一定是坚持以人民为中心的发展思想，着力解决饮用水安全保障领域人民群众最关心、最直接、最现实的利益问题，瞄准龙头水达标，确保水量足、水压稳、水质优，这既是饮用水安全保障工作

必须抓牢的基本目标，更是城镇供水行业必须坚守的基本底线。

2.1.3.2 注重系统治理，强调饮用水安全保障的整体性

饮用水安全保障涉及水源保护、水质净化、水泵加压、管网输配等多个环节，涉及规划、设计、建设、运行维护等多个过程，涉及住房和城乡建设、环境保护、水利、卫生、发改、财政、公安、国资等多个部门，涉及政府、企业、百姓等多个主体。推进饮用水安全保障工作，一定是注重多部门合作、多方参与、多环节统筹的系统治理，强调饮用水安全保障的系统性、协同性、整体性，实现饮用水安全保障系统的全过程统筹和系统化管理。

2.1.3.3 突出服务定位，注重提升供水服务水平

提高城镇供水行业服务质量，有利于深化城镇供水行业改革、提升城镇供水行业整体竞争力、持续优化城镇营商环境、提升公众对公共服务行业的信任度，是更好满足人民日益增长的美好生活需要、深入推进供给侧结构性改革的重要举措，对于推进城镇高质量发展具有重要意义。推进饮用水安全保障工作，一定是突出供水行业公共服务这一根本定位，以提升城镇自来水消费者满意度为出发点，强化服务能力、深化服务成效、优化服务保障，注重提升城镇供水服务效率和水平，不断增强群众获得感、幸福感、安全感。

2.1.3.4 借力信息技术，推动供水行业升级换代

信息技术已经并将继续深刻改变传统产业生产经营方式。城镇供水行业迫切需要信息技术添薪续力，逐步实现精准感知、在线处理、智能决策和科学管理；迫切需要信息技术带动革故鼎新，为城镇供水企业优化资源配置提供新平台，突破产业发展的瓶颈制约。推进饮用水安全保障工作，一定是借力互联网、大数据、人工智能等新一代信息技术，不断推动信息技术与城镇供水行业的深度融合，不断促进城镇供水技术创新、标准创新、服务创新和管理创新，为城镇供水产业转型升级提供新动能、新模式、新路径，实现城镇供水行业高质量发展。

2.2 目标与任务

2.2.1 总体目标

全面提升城镇供水安全保障水平。建成安全、均等、高效的城镇现代化供水体

系，从技术、管理、服务等不同角度建立从源头到龙头的多级屏障风险管控体系及全过程饮用水安全保障体系，确保龙头水水质优良、水量充沛、水压稳定，提升城镇供水服务效率和水平，让人民群众喝上放心水、用上舒心水。

2.2.2 重点任务

2.2.2.1 重视饮用水水源保护

饮用水安全保障最重要的是水源保护，将风险隐患前移、控制在源头。城镇供水行业要时时关注、及时反映水源水质问题：一是主动配合政府相关部门加强饮用水水源保护；二是加快各地应急水源或备用水源建设，完善岸线整治工程，提升城镇供水安全保障能力；三是加强饮用水水源水质信息共享，规范突发水源污染条件下应急制度和工作程序。控制取水保证率不低于95%，特殊情况保证率不低于90%。

2.2.2.2 加强饮用水安全全过程保障

牢固树立饮用水安全保障工作的整体性概念，将风险管控意识贯穿于饮用水安全保障全过程，构建从源头到龙头的全过程饮用水安全保障体系，强化风险评估、应急预案制定等，准确把控和有效降低饮用水安全风险。加强取水设施巡检监控及水源预警等，强调源头风险控制；针对水源特征、管网漏损状况等升级改造已有设施，发挥现有城镇供水设施效能；针对城镇化发展需求，补齐城镇供水能力不足的短板；聚焦痛点，优化城镇供水设施运行管理，提升净水工艺处理效果，加强输配水管网、二次加压设施布设、科学调度与运行管理，规范管网清洗制度与周期、提高各环节水质检测与评估反馈能力等，实行工艺过程水质预警控制，适时调控工艺运行，在饮用水供应的前端、中端等中间过程充分考虑水质安全裕度，出厂水高锰酸钾指数控制在3mg/L以下（有条件的地区，可控制在2mg/L以下），浊度控制在0.5NTU以下(鼓励供水服务人口超过100万的城市，出厂水浊度控制在0.3NTU以下，甚至更低)，龙头水压力控制在0.08～0.10MPa范围，确保用户水龙头水质达到现行国家标准《生活饮用水卫生标准》GB 5749的要求，水量充足、水压稳定。

2.2.2.3 强化监管与服务

使用者、服务者、管理者在饮用水安全方面的目标是一致的，执行同一套指标体系，服务者、管理者关注全过程，使用者关注最终产品与服务。因此，应从法律法规层面进一步完善饮用水安全保障政策，明确各方的权利与责任，推动建立有利于城镇供水行业良性健康发展的财政、价格、税费、用电、土地使用等政策制度；强化城镇饮用水水源水质、全过程供水水质监督监测，加强对水量计量、水费征缴、供水服务等方面的监督监管；规范水质信息公开途径、频率、内容等，推动水质信息主动公开、主动接受社会监督，提振消费者信心；提高城镇供水行业从业人员职业能力，注重提升水处理、管道维护、泵站运行、水质检测等生产岗位一线职工的实践操作能力，注重提升抄表营收、自来水报装等服务岗位一线职工的专业素养和服务意识，提高城镇供水行业专业服务水平。

2.3 路径与方法

2.3.1 重视饮用水水源建设与保护

2.3.1.1 推进饮用水水源水质达标

各级水协、各地供水企业应主动配合政府相关部门推进饮用水水源水质达标。一是强化城镇集中式生活饮用水水源地环境保护管理，严格水源地及各级水源保护区的划分与保护，推进城镇集中式饮用水水源满足现行国家标准《地表水环境质量标准》GB 3838 规定的Ⅱ类或《地下水质量标准》GB/T 14848 规定的Ⅲ类水质标准；二是严格消除工业、农业等对水源地及长距离输水管线的污染，尤其是要优先加强对有毒有害污染物的控制，加强饮用水水源监控预警，强化预警的及时性和采取措施的有效性；三是推动实现饮用水水源的合理布局，维护正常水位或流量，保证取水稳定、安全，不易被干扰，优先保障充足优质的饮用水水源，对于现有取水口不能满足国家标准，或取水水源未达到水功能区和饮用水水源水质要求的，及时整治或替换。

供水企业要充分认识水源水质对城镇供水保障工作的重要性，严格按照标准和有关要求，加强对水源水质的检测频率：严格按照现行国家标准《地表水环境质量标准》GB 3838 中规定，对地表水水源水质检验基本项目、补充项目及特定项目每月不少于 1 次，地下水水源按照现行国家标准《地下水质量标准》GB/T 14848 中规定的所有水质检验项目每月不少于 1 次进行检测；加大对重要指标及地域性可能出现的风险污染物的检测频率。

2.3.1.2 加快应急或备用水源建设

各级水协、各地供水企业应积极配合相关部门加快应急或备用水源规划与建设。推动饮用水应急或备用水源的合理布局与规范化建设，强化水源地与净水设施间输水管道、加压泵站的建设，保证需要时可正常投入启用供水使用。对单一水源、供水保证率较低、用水需求增长较快的城镇，综合考虑突发性水源污染风险、城镇规模与重要性、可能影响的人口范围、城镇经济社会发展水平等因素，在全面强化节水、充分对现有供水水源挖潜改造、优化供水用水结构的基础上，合理确定城镇应急备用水源方案，原则上应具备至少7d以上应对突发事件的应急供水能力，提高饮用水安全保障程度，降低水源不足风险。做好地表地下、河流湖库等多类水源统筹，科学实施饮用水水源的联合调度，提高安全供水保证率。

2.3.1.3 推进饮用水水源水质信息共享

各级水协、各地供水企业应积极促动相关部门推进饮用水水源水质信息共享。信息共享是推进饮用水水源保护中涉及的监督约束、公众参与、相互激励、协同合作等各项工作的基础。加强饮用水水源水质信息共享，对于合理规划布局饮用水水源地(取水口)、应对各类突发性水源污染事件、科学建设管理城镇供水设施等工作具有重要意义。积极推动流域上下游、城镇供水企业水源水质信息共享，利用信息化手段建立水源水质信息共享平台，建立信息交流机制，以便上下游、左右岸彼此之间留有充足的安全缓冲空间；主动关注、申请获取生态环境、水利、交通、农业、工信、海事、安监、卫生健康等部门相关工作信息，无论是日常工作行为（包括开闸放水、拦坝蓄水，工矿企业等固定污染源监管，危化品或危险废物运输车辆、船舶等流动污染源监管)，还是突发意外事件（包括偷排偷放等环境违法行为，生产或交通事故导致的突发泄漏，公共卫生事件等)，积极推动各类信息、资源在跨区域、跨部门间的快速传递、共享，以便快速有效应对突发饮用水水源污染事件。

2.3.2 有序推进城镇供水设施改造建设

2.3.2.1 新建供水厂和供水管网，满足城镇经济社会发展用水需求

按照各地城镇经济与社会发展计划、城镇总体规划等要求，综合各地水资源禀赋状况、经济发展水平等，科学安排供水厂、供水泵站和管网等各类设施的建设时序，合理安排输送与增压等各类设施的空间布局。依据城镇化发展需要适度超前规划建设，及时补齐供水设施能力不足的短板，进一步扩大公共供水管网覆盖范围，提高公

共供水普及率，满足新增人口的用水需求，适应快速城镇化发展和国家基本公共服务均等化的战略要求。积极推进城乡统筹区域供水，鼓励有条件的地区通过城市供水管网向周边乡镇延伸服务。鼓励有条件的地区通过共建共享城镇供水净水设施、连通城镇供水管网等方式，推进协同发展区域供水。

2.3.2.2　升级改造工艺老化的供水厂，提高设施净水能力

排查、评估现有城镇供水净水工艺，因地制宜、分类施策，有序推进城镇供水厂升级改造，确保全面、稳定达到安全饮用的水质要求。针对净水设施老旧、工艺落后难以出水水质稳定达标的，尽快进行更新改造；针对因原水水质条件无法稳定达标供水的水厂，尽快采用强化常规工艺措施，必要时有针对性地选择预处理或深度处理工艺等方式进行升级改造。

2.3.2.3　更新改造老旧供水管网，保持良好输配能力

根据国家、行业、地区和企业标准及规章制度的要求，推动实现城镇供水管网的周期性排查与评估，建立管网超期、失效后的更新改造制度，保证和提升增压设施运行效率与管理水平；制定分期实施规划，落实和推进供水管网的改造工作，保持供水管网良好输配能力。供水管网年更新改造率一般不低于2%，对超出使用年限（原则上年限超过50年的）、材质落后或不合格、受损失修、漏损严重、爆管相对集中的管道以及影响管网水质的供水管网尽快进行更新改造，降低管网水质风险，使管网及时恢复功能，实现管网漏损率控制在10%以下，供水管网事故率控制在0.2件/（公里·年）。推行非开挖技术在城镇供水管网健康检查与修复中的应用，尽量避免干扰居民正常生活，减少对交通、环境、周边建筑基础的破坏和不良影响。各地要根据当地水质特点、管道材质、管网运行状况等特点，尽快建立输配管网清洗制度，结合管网水质监测，规范各级管网清洗运管工作。鼓励使用球墨铸铁管、钢管、不锈钢管、新型复合管等优质管材，淘汰落后管材。

2.3.3　全过程保障饮用水安全

2.3.3.1　全面开展风险评估，增强风险管控意识

树牢底线思维，增强忧患意识。全面评估“从源头到龙头”饮用水安全保障体系中各环节的风险，分析研判各类风险的危害程度，从源头治理风险，将风险关口前移，在饮用水安全保障系统的前端、中端等中间过程充分考虑安全裕度，建全城镇供水行业质量控制标准，规避风险，通过科学和多主体参与的评估，形成科学合理的应

对方案，确保用户龙头水水质优良、水量充沛、水压稳定。

专栏3

《江苏省城市供水厂关键水质指标控制标准》DB 32/T 3701—2019

基于全面构建和实施“水源达标、备用水源、深度处理、严密检测、预警应急”的供水安全保障体系目标，《江苏省城市供水厂关键水质指标控制标准（以下简称“标准”）》的编制和贯彻实施，有力地推动全省县级以上城市供水厂严格规范全工艺过程的水质质量管理，保障供水安全，并主要体现了对以下方面的引导。

（1）引导供合格水向供优质水发展。针对江苏省集中式饮用水源地原水水质特点，江苏省提出了“不合格的水不出厂、不达标的水不进管网”的要求。此基础上，要求从供“合格水”向供“优质水”的理念转变，并明确了“正常时供优质水、应急时供合格水”的具体目标。该《标准》以用户受水点满足现行国家标准《生活饮用水卫生标准》（GB 5749以下简称“国标”）要求为基础，考虑管网输配和二次供水环节中的水质衰减和风险，筛选水厂出厂水的关键水质指标和制订严格的水质内控标准，并结合“优质”目标，进一步制订了用户受水点优质生活饮用水的建议指标与限值。

（2）引导结果导向的过程控制发展。水厂的出厂水水质主要取决于原水水质、工艺处理能力和水厂的运行管理水平。根据水源为工艺减负、前序工艺为后续工艺减负的指导思想，该《标准》对部分过程水的控制要求提出了建议，如考虑为深度处理工艺减负，要求上向流（砂滤在深度处理之后）炭池前的沉淀池出水浊度小于1NTU，下向流（砂滤在深度处理之前）炭池前的沉淀池出水浊度小于3NTU等；针对生物活性炭池的进水余臭氧和余氯量过高会影响活性炭的吸附作用和微生物的降解作用，《标准》分别对炭池进水余臭氧和余氯量设定了0.1mg/L和0.05mg/L的限值。

（3）引导工艺过程控制向风险预警应对发展。鉴于江苏省集中式饮用水源易受突发污染影响的客观情况，该《标准》明确供水企业应定期开展水源地污染风险评估和排查。结合不同水源、不同工艺，筛选可能存在的特征污染因子，并相应增加检测项目和检测频次，以此加强供水企业应对水源突发污染风险的能力，降低水厂工艺在突发污染状况下的水质风险。

2.3.3.2 提高各环节水质检测评估与结果反馈能力

加强城镇供水水质检测能力建设，强化对原水、供水厂各工艺段、出厂水、输配管网、龙头水等各关键环节的水质检测及管材管件、净水剂、消毒剂产品的质量把控。建立水质检测结果的分析评估制度，及时分析评估水质检测结果所反映的存在问题或潜在隐患，并将结果反馈至水处理、管网运行维护等各阶段一线人员，为水处理工艺、管网运行维护等过程控制提供优化和控制依据，切实提升水处理、管网等设施运行管理效果，保证在经过净化处理、管网输配后，龙头水水质始终达到预期要求。对各环节浊度、余氯、pH 等关键水质指标、水量、水压实施在线检测、智能管控，积极推进智慧供水。

2.3.3.3 加强城镇供水管网精细化管理

在系统摸清城镇供水管网底数的基础上，采取分区计量管理等多种有效的技术管理措施，降低漏损率，提高供水效率。可根据不同地区供水区域面积大小、地形高差等特点，合理布置管网压力监测点，优化调控管网运行压力，实现管网压力空间均衡，增强管网的安全可靠性。按照现行行业标准《城镇供水管网漏损控制及评定标准》CJJ 92 要求，分析当地产销差与实际漏损率的关系，对症施策，实现管网漏损率控制目标。加强管网水压、水质监测，加强管网生物安全控制，推进管网、泵房智能化建设与维护管理，完善系统实时调度，将降低管网漏损与维持管网输配水水质相结合、供水管网运行与营业收费管理相结合，推进城镇供水管网精细化、信息化、智能化管理，提升供水安全保障能力，实现可持续发展目标。

2.3.3.4 加强二次加压调蓄设施科学布局与管理

大力推动供水企业全面接管二次供水。供水企业要根据城市建设与发展布局，统筹出厂、各级供水管网（主干、支干、配水管网）及二次加压设施的压力分布，因地制宜地科学选择经济合理、技术可行的加压调蓄方式和设施布控，既要保证管网系统运行安全可靠、又要确保龙头水的水质、水量和水压到国家规范标准的基本要求。供水企业要对二次加压调蓄设施实施统一质量管控，严格把好二次加压调蓄设施建设与改造的工程质量，在城镇供水主管部门指导下，通过“短名单”制度，为信誉好、业绩优、质量安全过硬的建安企业通过公平竞争的市场机制进行二次加压调蓄设施建设与改造。积极推动城镇供水系统水质、水量、水压的在线检测（控）与二次加压调蓄设施建设统筹，并将相关信息统一纳入供水运行调度管控平台。积极推广使用先进的安防技术，加强技防、物防措施，确保二次加压调蓄设施满足反恐要求。

2.3.3.5 保障建筑室内供水安全

积极推动居民住宅、公共建筑内使用供水系统“微循环”技术，逐步淘汰立管串户、楼上、楼下户内串联供水方式，渐进推行立管在户外、户户“并联”进户的供水方式，改善和优化建筑室内管道水力条件，缩短室内供水管道中自来水停留时间，消除建筑室内局部“死水”区，避免因自来水停留时间过长等原因而影响龙头水水质。鼓励在建筑内供水管道优先选用不锈钢管材等耐久性强、接头效能好的优质管材。大力推进分户计量，实现“一户一表、抄表到户、服务到户”。

2.3.3.6 加强供水应急能力建设

积极推行风险排查评估机制。在此基础上，根据当地实际情况，针对不同类型突发事件，制定或完善相应的城镇供水应急预案，根据事权与责任对等的原则，明确供水企业应急职责，规范应急工作程序，加强信息共享、协调衔接、各司其职，合力应对突发供水事故。加强应急供水设施建设、设备与药剂等应急物资及相关技术储备，完善应急净水技术，加强应急处理专业队伍的建设和培训，并定期进行应急演练，强化突发事件应对能力。推动建立城镇供水应对突发事件舆情收集与回应、沟通协调、责任追究等机制。加强水源地取水口、净水构筑物、泵房等城镇供水设施重点部位及中控系统、远程调度系统等计算机控制网络的安全防范，防范城镇供水设施、计算机网络发生危害性侵袭事件，提升城镇供水系统安全防范水平。

2.3.4 提升服务效率与水平

2.3.4.1 加强行业自律

城镇供水企业应自觉遵守和履行城镇供水相关法律法规、规章制度、标准规范等要求，积极承担应有的社会责任，推进提升企业规范化管理水平、自律能力。研究建立城市供水行业黑名单、白名单制度，不定期公布城市供水企业、相关设备材料供应商的违法违规和失信行为，营造“守法守信光荣、违法失信可耻”的行业氛围。促进企业的遵纪守法、诚信经营，推进城镇供水行业健康、持续、稳定发展。强化城镇供水企业间合作交流，营造比学赶帮超、互帮互助的行业发展氛围。

2.3.4.2 规范信息公开

推动建立健全饮用水水源水质、龙头水水质信息公开细则，明确各类水质信息公开内容、频率、时限、格式、方式等要求，使社会公众获得及时、全面的饮用水水质信息，保障人民群众的知情权、参与权、表达权，对饮用水安全保障工作实施更有效监督。构建信息主动公开发布与专家科普解读的同步机制，及时回应社会关切，引导百姓科学认识自来水的水质变化、科学评价自来水、科学使用自来水。构建通畅的公众参与机制，将城镇供水设施建设改造、运行管理等民生工程向公众进行有效宣传，引导人民群众走进自来水企业、了解自来水并支持城镇自来水事业发展，充分认识和理解饮用水安全保障各项工作的艰巨性，树立人民群众对城镇自来水水质信心。充分借助新媒体通讯手段，公开业务办理、信息查询等，持续优化营商环境。

2.3.4.3　以市场机制推动行业进步

在坚持城市供水行业公益属性的前提下，鼓励地方政府通过PPP、政府购买服务、特许经营等市场机制的方式吸引具有专业能力的社会资本参与供水设施改造、建设和运营，通过市场机制调控和配置支撑城镇供水行业发展的资金、人才等资源。推进城镇供水行业全产业链充分、有效、良性竞争，促进城镇供水行业及其上下游企业的优胜劣汰和产业的转型升级，提升城镇供水行业服务效率和水平。

2.3.4.4　推动提升产业集中度

鼓励城镇供水行业相关企业集团化发展，促进优势企业做大做强，发挥大型企业专业化运营、规范化管理、规模化效应的优势，推进跨地区兼并重组、跨区域综合服务等，适度提高产业集中度，提升城镇供水行业专业化水平和服务质量。一方面，鼓励、引导优势企业采用多种模式进行兼并重组，另一方面，适度提高城镇供水行业及其上下游企业技术与运营门槛，倒逼技术落后、规模小、管理效率低的小型企业实现“关、停、并、转”。鼓励若干家大型城镇供水企业联合上下游企业参与国际市场竞争。

2.3.4.5　提升从业人员职业能力

加强人才队伍建设，优化专业人才结构，注重城镇供水企业创新型、学习型技术人才和中高级管理人才的培养。积极推进各级水协建立和完善各类培训与实训基地，组织开展从业人员职业技能培训、业务素质拓展，提升从业人员的职业能力和水平。积极承接行业职业技能评价与资格认定制度，营造比学赶帮超的职业精神的发展氛围，提高从业人员的职业认同感。

2.3.5　健全政策机制与实施创新驱动

2.3.5.1　推动完善配套政策

推动建立覆盖从源头到龙头城镇供水全过程的价格形成机制，保障供水企业在承担安全供水责任的同时，企业财务的良性循环和可持续性；完善在节水优先的原则下，保障文明生活基本用水需求、满足合理消费、杜绝奢侈浪费的阶梯水价机制。推动完善物权方面的政策，推进城镇供水企业作为公共财产拥有、使用和管理者实现从源头到龙头全过程的一体化达标服务。针对城镇供水行业的公益性特点，推动完善土地使用、用电、税费等相关政策，为城镇供水行业良性健康发展创造条件。

2.3.5.2　加强科技支撑

结合城镇供水行业发展需求，针对城镇供水工程规划、设计、施工、运行维护等实践中遇到的问题，加大取水、净水和输配等方面适用技术和设备与现代数字化技术深度融合的科技投入与研发，促进关键技术与重大装备的自主知识产权与国产化。探索饮用水安全保障新技术、新工艺、新材料、新方法，全面提升城镇供水规划设计、施工建造、运行维护、应急处置、安全管理等方面的技术水平。

第3章　城镇水环境

3.1　现状与需求

党的十八大将生态文明建设纳入社会主义现代化建设总体布局。2015年4月，国务院发布《水污染防治行动计划》（国发〔2015〕17号），对水资源、水环境、水生态等相关工作做了具体部署，形成当前和今后一段时间推进水环境治理的路线图。2015年9月，住房和城乡建设部牵头，会同原环境保护部、水利部、原农业部印发了《城市黑臭水体整治工作指南》（建城〔2015〕130号），提出了"控源截污、内源治理、生态修复、活水保质、长制久清"的黑臭水体治理技术路线和工作方法；2016年9月，住房和城乡建设部印发《城市黑臭水体整治—排水口、管道及检查井治理技术指南（试行）》（建城〔2016〕198号），明确提出"黑臭在水里、根源在岸上、关键是排口、核心是管网"，进一步明确了控源截污的技术要求；2018年10月，住房和城乡建设部、生态环境部联合印发经国务院同意的《城市黑臭水体治理攻坚战实施方案》（建城〔2018〕104号），进一步加大力度部署推进城市黑臭水体整治的相关工作；2019年4月，经国务院同意，住房和城乡建设部、生态环境部和国家发展改革委员会联合印发《城镇污水处理提质增效三年行动方案（2019—2021年）》（建城〔2019〕52号），再次明确要求"经过3年努力，地级及以上城市建成区基本无生活污水直排口，基本消除城中村、老旧城区和城乡结合部生活污水收集处理设施空白区，基本消除黑臭水体，城市生活污水集中收集效能显著提高"。党中央、国务院一系列政策的颁布实施，有力推动了我国城镇水体污染治理工作。

近年来，城镇污水管网建设快速推进，城镇污水处理能力显著提高，基于海绵城市建设理念的降雨径流污染控制积极推行，城镇黑臭水体治理初见成效。但城镇水环境治理的系统性、城镇水体功能定位等方面仍存在很多问题，这也是未来城镇水环境治理方面以问题为导向的主要发力点。

专栏4

近期国家在城镇水环境方面出台的重要政策文件

文件名称	涉及城镇水环境的主要内容
水法 （2016年7月2日第十二届全国人民代表大会常务委员会第二十一次会议修订通过）	面对全球水资源的紧张，进一步在法律层面要求污水集中处理与再利用 第二十三条　地方各级人民政府应当结合本地区水资源的实际情况，按照地表水与地下水统一调度开发、开源与节流相结合、节流优先和污水处理再利用的原则，合理组织开发、综合利用水资源。 第五十二条　城市人民政府应当因地制宜采取有效措施，推广节水型生活用水器具，降低城市供水管网漏失率，提高生活用水效率；加强城市污水集中处理，鼓励使用再生水，提高污水再生利用率
水污染防治法 （中华人民共和国第十二届全国人民代表大会常务委员会第二十八次会议于2017年6月27日通过修改，自2018年1月1日起施行）	从法律层面对城镇排水和污水处理的污染物排放监督管理、防治措施提出具体规定。 第二十条　国家对重点水污染物排放实施总量控制制度。 第四十九条　城镇污水应当集中处理。 第五十条　向城镇污水集中处理设施排放水污染物，应当符合国家或者地方规定的水污染物排放标准。新修订的《水污染防治法》增加了河长制的相关内容，河长制正式入法
关于进一步加强城市规划建设管理工作的若干意见 （中共中央办公厅、国务院办公厅，2016年2月6日发布实施）	营造城市宜居环境，推进污水大气治理。 强化城市污水治理，加快城市污水处理设施建设与改造，全面加强配套管网建设，提高城市污水收集处理能力。整治城市黑臭水体，强化城中村、老旧城区和城乡结合部污水截流、收集，抓紧治理城区污水横流、河湖水系污染严重的现象。到2020年，地级以上城市建成区力争实现污水全收集、全处理，缺水城市再生水利用率达到20%以上
关于全面推行河长制的意见 （中共中央办公厅、国务院办公厅，2016年12月11日发布实施）	首次明确在全国江河湖泊全面推行河长制。 全面推行河长制是落实绿色发展理念、推进生态文明建设的内在要求，是解决我国复杂水问题、维护河湖健康生命的有效举措，是完善水治理体系、保障国家水安全的制度创新。为进一步加强河湖管理保护工作，落实属地责任，健全长效机制，就全面推行河长制提出相关意见

续表

文件名称	涉及城镇水环境的主要内容
关于全面加强生态环境保护 坚决打好污染防治攻坚战的意见 （中共中央办公厅、国务院办公厅，2018 年 6 月 16 日发布）	作为"着力打好碧水保卫战"的主要任务，首次将城市黑臭水体治理以国家政策文件的形式列入污染防治七大攻坚战。 打好城市黑臭水体治理攻坚战。实施城镇污水处理"提质增效"三年行动，加快补齐城镇污水收集和处理设施短板，尽快实现污水管网全覆盖、全收集、全处理。完善污水处理收费政策，各地要按规定将污水处理收费标准尽快调整到位，原则上应补偿到污水处理和污泥处置设施正常运营并合理盈利。对中西部地区，中央财政给予适当支持。加强城市初期雨水收集处理设施建设，有效减少城市面源污染。到 2020 年，地级及以上城市建成区黑臭水体消除比例达 90%以上。鼓励京津冀、长三角、珠三角区域城市建成区尽早全面消除黑臭水体
关于加强城市基础设施建设的意见 （国务院，国发〔2013〕36 号，2013 年 9 月 6 日发布）	对于城市排水管网、污水处理设施的建设具有重要意义 提出加大城市管网建设和改造力度、积极推行低影响开发建设模式、加强城市河湖水系保护和管理，维护其生态、排水防涝和防洪功能。 并对城市污水处理设施规划、建设、实施方式、投融资体制、运行机制等均做出了规定，显现了造福百姓与存进发展的双重效应
城镇排水与污水处理条例 （国务院令第 641 号，2013 年 10 月 2 日发布，自 2014 年 1 月 1 日起施行）	首次针对城镇排水与污水处理出台国家层面专门的法律法规，对城镇排水与污水处理规划建设和监督管理在立法层面上的建立保障，对于城镇水系统的健康循环具有举足轻重的积极作用。 对城镇排水设施覆盖范围内排放污水的行为、污水处理规划的编制、处理设施的建设原则、处理设施的维护及保障、污水处理费用的缴纳收取、污水处理设施的出水水质和水量的监督检查及相关方法律责任均做出了详细规定，首次将建立排水设施地理信息系统的内容以法规形式固定下来，并提出了保证污泥安全处理处置的制度保障与促进污水再生利用的规定

续表

文件名称	涉及城镇水环境的主要内容
水污染防治行动计划（水十条） （国务院，国发〔2015〕17号，2015年4月16日发布实施）	为切实加大水污染防治力度，保障国家水安全而制定的法规。 加快城镇污水处理设施建设与改造。现有城镇污水处理设施，要因地制宜进行改造，2020年底前达到相应排放标准或再生利用要求。敏感区域（重点湖泊、重点水库、近岸海域汇水区域）城镇污水处理设施应于2017年底前全面达到一级A排放标准。建成区水体水质达不到地表水Ⅳ类标准的城市，新建城镇污水处理设施要执行一级A排放标准。 整治城市黑臭水体。采取控源截污、垃圾清理、清淤疏浚、生态修复等措施，加大黑臭水体治理力度，每半年向社会公布治理情况。地级及以上城市建成区应于2015年底前完成水体排查，公布黑臭水体名称、责任人及达标期限；于2017年底前实现河面无大面积漂浮物，河岸无垃圾，无违法排污口；于2020年底前完成黑臭水体治理目标。直辖市、省会城市、计划单列市建成区要于2017年底前基本消除黑臭水体。 全面加强配套管网建设。强化城中村、老旧城区和城乡结合部污水截流、收集。现有合流制排水系统应加快实施雨污分流改造，难以改造的，应采取截流、调蓄和治理等措施。新建污水处理设施的配套管网应同步设计、同步建设、同步投运。除干旱地区外，城镇新区建设均实行雨污分流，有条件的地区要推进初期雨水收集、处理和资源化利用。到2017年，直辖市、省会城市、计划单列市建成区污水基本实现全收集、全处理，其他地级城市建成区于2020年底前基本实现。
国务院关于印发“十三五”生态环境保护规划的通知 （国务院，国发〔2016〕65号，2016年11月24日成文，2016年12月5日发布实施）	精准发力提升水环境质量。提出实施以控制单元为基础的水环境质量目标管理、实施流域污染综合治理以及大力整治城市黑臭水体。 推进海绵城市建设。转变城市规划建设理念，保护和恢复城市生态。 加快完善城镇污水处理系统。全面加强城镇污水处理及配套管网建设，加大雨污分流、清污混流污水管网改造，优先推进城中村、老旧城区和城乡结合部污水截流、收集、纳管，消除河水倒灌、地下水渗入等现象

续表

文件名称	涉及城镇水环境的主要内容
关于推进海绵城市建设的指导意见 （国务院办公厅，国办发〔2015〕75号，2015年10月16日发布）	明确提出推进海绵城市建设的总体与分阶段目标：最大限度的减少城市开发建设对生态环境的影响，将70%的降雨就地消纳和利用，到2020年城市建成区20%以上的面积达到目标要求，到2030年城市建成区80%以上的面积
城镇污水排入排水管网许可管理办法 （住房和城乡建设部，中华人民共和国住房和城乡建设部令第21号，2015年1月22日经住建部第20次常务会议通过，自2015年3月1日起施行）	对污水排入城镇排水管网许可的具体管理办法作出规定，保障城镇排水与污水处理设施安全运行，防治城镇水污染。 确定了管理办法的适用范围，包括从事工业、建筑、餐饮、医疗等活动的企业事业单位、个体工商户，明确了各级主管部门的责任分工。对排水许可相关的申请与审查、管理和监督、法律责任等予以规定
关于印发城市黑臭水体整治工作指南的通知 （住房和城乡建设部、环境保护部，建城〔2015〕130号，2015年8月28日发布）	进一步明确了城市黑臭水体治理的时间表、路线图和技术方向。 为贯彻落实国务院颁布实施的《水污染防治行动计划》，指导地方各级人民政府组织开展城市黑臭水体整治工作，提升人居环境质量，有效改善城市生态环境，特编制本指南。主要用于指导地方各级人民政府组织实施城市黑臭水体的排查与识别、整治方案的制定及与实施、整治效果评估与考核、长效机制建立与政策保障等工作
关于印发《“十三五”全国城镇污水处理及再生利用设施建设规划》的通知 （国家发展改革委、住房城乡建设部，发改环资〔2016〕2849号，2016年12月31日发布）	提出“十三五”期间应进一步统筹规划，合理布局，加大投入，实现城镇污水处理设施建设由“规模增长”向“提质增效”转变，由“重水轻泥”向“泥水并重”转变，由“污水处理”向“再生利用”转变，全面提升我国城镇污水处理设施的保障能力和服务水平，使群众切实感受到水环境质量改善的成效。 明确了完善污水收集系统、提升污水处理设施能力、重视污泥无害化处理处置、推动再生水利用、启动初期雨水污染治理、加强城市黑臭水体综合整治和强化监管能力建设七项主要任务

续表

文件名称	涉及城镇水环境的主要内容
关于印发《城镇污水处理工作考核暂行办法》的通知 （住房和城乡建设部，建城〔2017〕143号，2017年7月6日发布）	贯彻落实《国务院关于印发水污染防治行动计划的通知》，为进一步加强城镇污水处理设施建设和运行监管，全面提升城镇污水处理效能，对城镇污水处理设施建设、运行和管理的考核方式、考核指标、评分细则及考核时间等均做出了明确规定
关于印发城市黑臭水体治理攻坚战实施方案的通知 （住房和城乡建设部、生态环境部，建城〔2018〕104号，2018年9月30日发布实施）	进一步明确了城市黑臭水体治理的目标责任、时间节点、技术措施、监管要求、保障措施等 提出黑臭水体治理的主要目标。到2018年底，直辖市、省会城市、计划单列市建成区黑臭水体消除比例高于90%，基本实现长制久清。到2019年底，其他地级城市建成区黑臭水体消除比例显著提高，到2020年底达到90%以上。鼓励京津冀、长三角、珠三角区域城市建成区尽早全面消除黑臭水体
关于印发城镇污水处理提质增效三年行动方案（2019—2021年）的通知 （住房和城乡建设部、生态环境部、发展和改革委员会，建城〔2019〕52号，2019年4月29日发布实施）	我国城镇污水处理行业提质增效工作的方向性文件。 为全面贯彻落实全国生态环境保护大会、中央经济工作会议精神和《政府工作报告》部署要求，加快补齐城镇污水收集和处理设施短板，尽快实现污水管网全覆盖、全收集、全处理，制定本方案。 目标经过3年努力，地级及以上城市建成区基本无生活污水直排口，基本消除城中村、老旧城区和城乡结合部生活污水收集处理设施空白区，基本消除黑臭水体，城市生活污水集中收集效能显著提高

3.1.1 发展现状

3.1.1.1 城镇水体治理成效显著

1. 城镇水体治理阶段性目标基本实现

城镇水体整治初见成效。在国家政策推动下，各地积极响应，经过多年的努力，基本实现预期目标。截至2019年底，全国295个地级及以上城市建成区的2899个黑臭水体消除比例达到86.7%，其中36个重点城市建成区消除比例达到96.2%，其他地级城市消除比例为81.2%，百姓的获得感和幸福感明显提升。《水污染防治行动计划》（国发〔2015〕17 号）提出的“到 2020 年，我国地级及以上城市建成区黑臭水体均控制 10%以内，全国水环境质量得到阶段性改善”治理目标基本实现。

2. 多目标融合的水体治理路线基本形成

以水体治理、排水防涝、景观构建、亲水和谐等多目标融合为导向的城镇水体治理路线基本形成。城镇水体不仅有排水防涝、保障城镇安全的功能，还承担着重要的景观亲水功能，是构建居民休闲娱乐场所、丰富居民精神享受的重要资源。习近平总书记在全国生态环境保护大会上提出，要深入实施水污染防治行动计划，还老百姓清水绿岸、鱼翔浅底的景象。目前，将水体污染治理和生态景观构建统筹结合，注重排水防涝、园林景观、水生态系统恢复等环节的协调发展，实现水资源、水环境、水生态、水安全的有机统一，构建人水和谐共生的宜居生态环境、营造和凸显水文化，已成为城镇水环境治理的共识。

3. 长制久清机制日趋完善

城市治理、省级检查、国家督查三级结合的督查监管专项工作机制基本形成。生态环境部、住房和城乡建设部已于 2018 年 5 月起将城市黑臭水体整治工作纳入日常监督检查范围，建立了排查、交办、核查、约谈、专项督察“五步法”的专项行动模式，以每年 2 次的频率，联合开展城市黑臭水体整治环境保护专项督查、巡查和现场排查工作，持续保持城市黑臭水体整治效果。按照中共中央办公厅、国务院办公厅《关于全面推行河长制的意见》《关于在湖泊实施湖长制的指导意见》等政策文件要求，通过河湖长制的落实，实现“长制久清”。

3.1.1.2　城镇污水收集系统建设加快

1. 污水收集管网建设快速推进

近年来，我国加大了排水管网尤其是污水收集管网的建设力度。到 2018 年底，全国城镇污水收集管道长度已经增加到 40.6 万公里（含污水管网和合流制管网，分别为 29.69 万公里、10.91 万公里），较 2002 年增长了 637.5%；人均污水收集管道长度 0.79m/人，较 2002 年增长了 407.8%。

2. 污水收集系统建设资金投入持续加大

随着对生态环境保护重视程度的加强，我国在城镇污水收集系统建设与维护方面的资金投入逐渐加大，显著提高了城镇污水收集系统的覆盖面，城镇污水处理系统效能也在逐步提升，对城镇居民生活污染减排和水体污染控制做出了应有的贡献，有力地促进了水环境综合质量的提升。2018 年全国设市城市和县城共计完成排水设施固定资产投资 1897.5 亿元，较 2001 年增长了 675%；其中用于污水及再生利用设施的投资 976.1 亿元，较 2001 年增长了 702%。

专栏 5

污水收集管道建设、排水系统固定资产投资情况

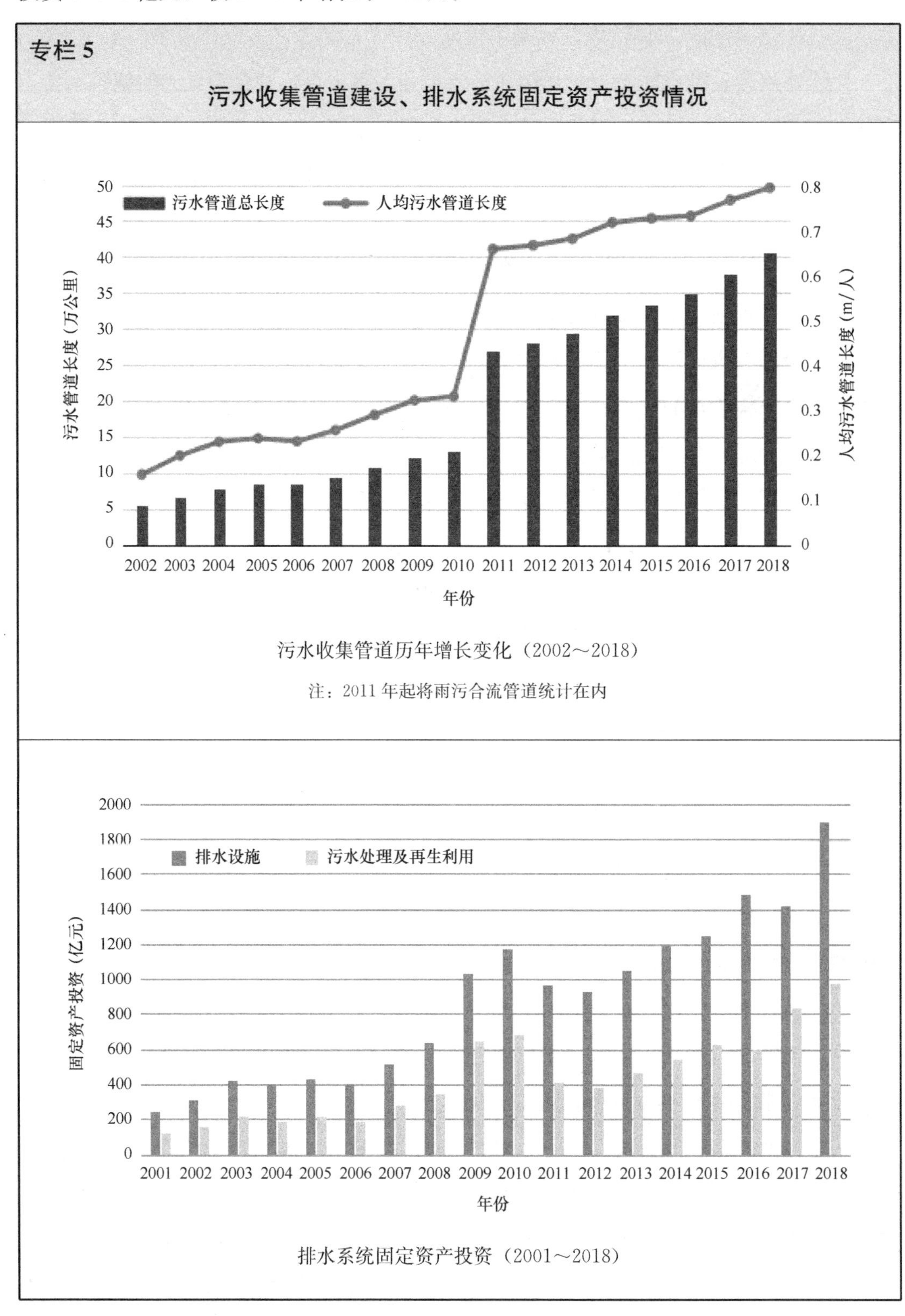

污水收集管道历年增长变化（2002～2018）

注：2011 年起将雨污合流管道统计在内

排水系统固定资产投资（2001～2018）

3.1.1.3　重视降雨径流污染治理

1. 降雨污染问题引起行业广泛关注

因降雨引起的湿沉降、下垫面冲刷、管道沉积物冲刷、雨水径流及合流制溢流等污染问题受到行业的广泛关注。我国分流制排水系统错接混接问题严重、收集处理系统不匹配、管道溢流污染控制措施不完备；与此同时，污水管道旱天低流速、满管流，导致管内形成的大量沉积物和沿街商铺排入雨水管道的污染物，在雨季时溢排至城镇水体现象普遍，使降雨径流和管道冲刷、合流制溢流污染成为城镇水体的重要污染源。城镇水体“下雨即黑”已成为社会高度关注、行业亟待解决的普遍问题。

2. 海绵城市建设成为行业发展共识

海绵城市建设理念已深入人心。海绵城市建设最大限度减少城市开发建设对原有自然水文特征和水生态环境的破坏，实现自然积存、自然渗透、自然净化，已经成为新时代城市转型发展的重要途径，对于推动生态文明建设和绿色发展，推进供给侧结构性改革，提升城市基础建设的系统性具有划时代意义。海绵城市建设对有效控制城市降雨径流污染也发挥了重要作用。目前，我国已经在城镇开发建设、内涝防治与水环境治理等方面形成了“系统治理、灰绿结合、蓝绿融合”的共识。

以点带面试点示范成效显著。2015 年以来，全国分两批 30 个城市进行海绵城市建设试点，试点面积达 600 多平方公里，试点范围内整体的降雨径流污染控制成效显著，与试点前相比，试点区域的年 SS 总量削减率达到了 40%～60%。在试点城市的引导和示范作用下，各地积极落实《国务院办公厅关于推进海绵城市建设的指导意见》（国办发〔2015〕75 号）提出的“各地要将 70%的降雨就地消纳和利用，逐步实现小雨不积水、大雨不内涝、水体不黑臭、热岛有缓解”目标要求。截至 2019 年底，28 个省区印发了落实国务院要求的指导意见，13 个省在 90 个城市开展了省级试点，全国已有 370 个城市编制海绵城市建设专项规划，涉及面积 10200 平方公里，随着各地海绵城市建设专项规划的实施和海绵城市建设理念的不断深入，径流污染控制成效将逐步显现。

3.1.1.4　逐步提升城镇污水处理设施建设水平

1. 城镇污水处理设施实现全面普及

城镇污水处理设施数量和处理能力快速提升。我国城镇污水处理起步于 20 世纪 70 年代，“十一五”以来我国城镇污水处理能力持续快速增长，设市城市于 2014 年基本实现了污水处理设施的全面普及。根据住房和城乡建设部“全国城镇污水处理管理信息系统”，截至 2018 年底，我国累计建成城镇污水处理厂 4332 座，污水处理能力达 1.95 亿 m^3/d，全年城镇污水处理总量达到 606.02 亿 m^3。

专栏 6

2010～2018 年城镇污水处理厂建设情况

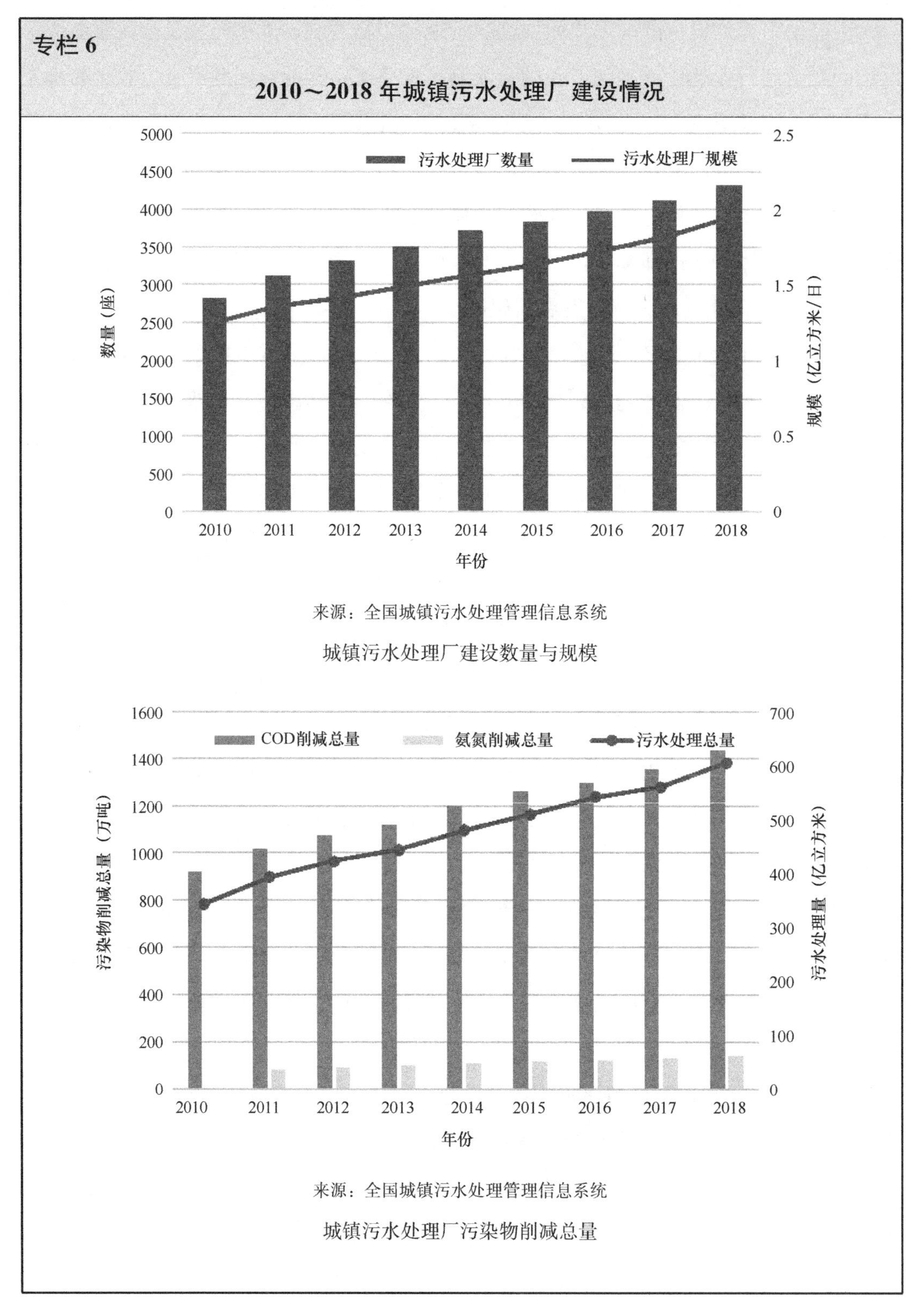

来源：全国城镇污水处理管理信息系统

城镇污水处理厂建设数量与规模

来源：全国城镇污水处理管理信息系统

城镇污水处理厂污染物削减总量

2. 排放标准提升推动了污水处理厂提标改造

2002 年正式实施的《城镇污水处理厂污染物排放标准》（GB 18918－2002）首次提出“一级 A”排放标准的概念。之后，国家“十二五”重点流域水污染防治及城镇污水处理设施建设规划明确提出“排入封闭或半封闭水体、富营养化或受到富营养化威胁水域、下游断面水质不达标水域的城镇污水处理厂，以及淮河流域、海河流域和辽河流域直接排入或通过截污导流排入近岸海域的污水处理厂要达到一级 A 排放标准”，2015 年国务院颁布的“水十条”再次要求加快城镇污水处理设施建设与改造，“现有城镇污水处理设施，要因地制宜进行改造，2020 年底前达到相应排放标准或再生利用要求。敏感区域（重点湖泊、重点水库、近岸海域汇水区域）城镇污水处理设施应于 2017 年底前全面达到一级 A 排放标准。建成区水体水质达不到地表水Ⅳ类标准的城市，新建城镇污水处理设施要执行一级 A 排放标准”，加快了城镇污水处理厂提标改造的步伐。截至 2018 年底，全国已建成投运的城镇污水处理厂中，达到一级 A 及以上排放标准的城镇污水处理厂的数量和规模占比分别为 62.19％和 68.70％；达到一级 B 排放标准的城镇污水处理厂数量和规模占比分别为 33.03％和 25.21％；达到二级及以下排放标准的城镇污水处理厂数量和规模占比不超过 5％和 6％。

专栏 7

不同排放标准城镇污水处理厂数量和规模

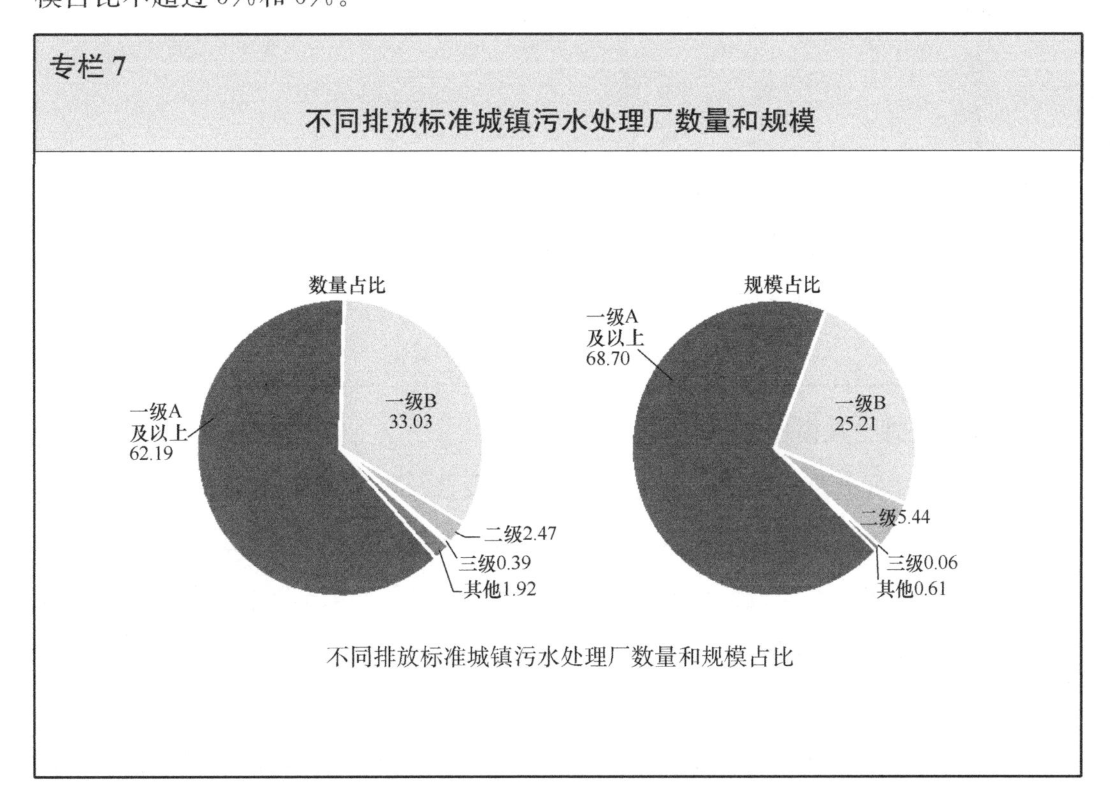

不同排放标准城镇污水处理厂数量和规模占比

续表

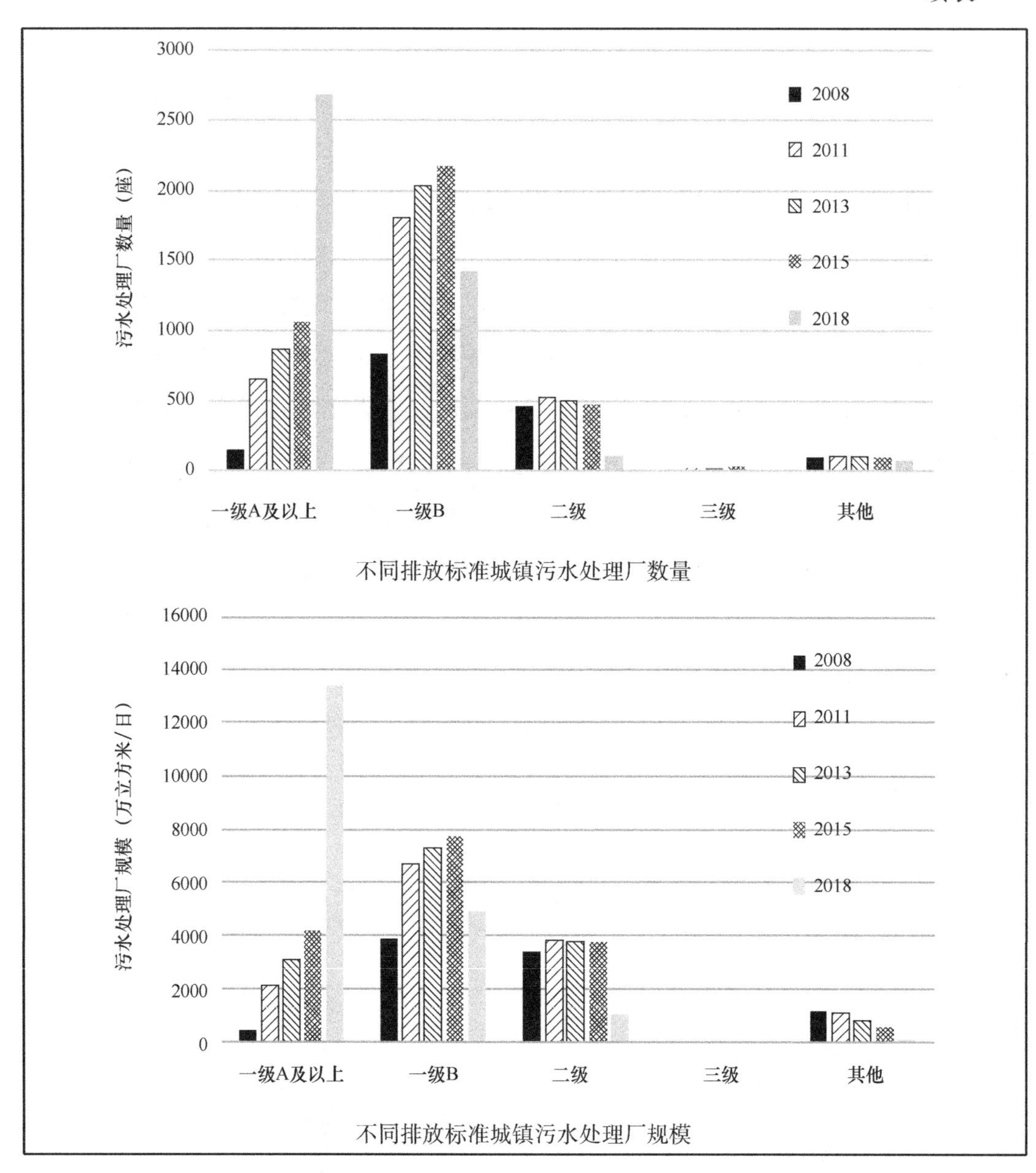

不同排放标准城镇污水处理厂数量

不同排放标准城镇污水处理厂规模

3. 污水处理由规模增长转向效率提升

污水处理率是初期反映城镇污水处理设施建设普及程度的重要指标。由于污水处理率的统计计算方法存在一定的局限性，且污水管网有大量的外水混入，导致污水处理率统计计算值难以真实反映污水收集处理的实际情况。2018 年中共中央、国务院《关于全面加强生态环境保护　坚决打好污染防治攻坚战的意见》明确要求“实施城镇污水处理‘提质增效’三年行动，加快补齐城镇污水收集和处理设施短板，尽快实现污水管网全覆盖、全收集、全处理”，为科学准确的反映城镇污水处理设施系统建设情况与水平，住房和城乡建设部、生态环境部、发展改革委联合印发的《城镇污水处理提质增效三年行动方案（2019—2021）》首次引入“城市生活污水集中收集率”指标，使行业监管的重点由“水量增长”和“规模增长”向“质量提升”和“效率提升”转变，污水收集设施提质增效成为行业发展切入点。

3.1.2　存在问题

3.1.2.1　城镇水体治理认识上的问题

1. 城镇水体功能定位不清导致盲目治理

部分城镇水体治理方案与水体在城镇中的功能定位不相符。很多治理方案仅强调水体不黑不臭的目标要求，没有考虑水体在城镇中的功能定位，忽略或弱化了城镇水体在排水防涝、休闲娱乐、公众安全等方面的功能要求。一些城镇盲目地实施水系连通工程，造成局部水域污染，挤占水系排水防涝空间，降低了景观效果、亲水性及城镇安全保障能力；一些城镇为了达到限期治理目标，将水体沿线所有排放口简单地一堵了之，堵塞了雨水口，严重影响了雨水口的排泄功能，致使内涝加剧。城镇水体治理缺乏系统性和长效性，一些治理方案过度关注“点”，而忽略“面”的问题；一些城镇过度强调景观改善和河道堤岸修复，只采取原位生态治理措施，而忽略了源头控污、截污，虽然美化了河道景观但难以根除水体黑臭的问题。

2. 不科学的治理方式带来负面效应

一些城镇对治水的长期性和艰巨性缺乏科学认识，制定的目标和做法不切实际，急于求成，具体表现为：不顾污水收集与处理设施现状以及水环境、生态本底的基本状况，盲目将污水处理厂出水标准提高至水体环境质量标准值，而对污水收集系统、雨水径流污染置之不理，任其污染物“跑冒滴漏”；或是采取“短平快”的“调水冲污”做法，掩耳盗铃，其结果是治标不治本。

过度追求大水面影响了水体的自然循环。一些地方习惯于在城镇河道筑坝拦水营造大水面，将河流改造成大水面。这种做法导致水体的流动性大大降低而影响水体的复氧能力，加大了水质污染和富营养化的风险；同时由于水位提升，还会使水体水位线高于沿线排污口，出现水体倒灌污水管道问题，也加大了沿线非法排污口检查监督的难度。这种大水面、高水位的做法，极易导致汛期城镇发生内涝，也增加了水体蒸发蒸腾和下渗损失量，很大程度上增加了运行维护成本和污染治理难度。

过度依赖水体的生态治理措施，偏离科学、系统的治水路线，乐于做表面文章，不考虑污水收集处理设施建设短板，大量采用水体原位生态处理措施，这种做法不仅难以收到持续、稳定的治理效果，还会出现影响城镇水环境安全、增加日常运维养护成本等负面问题。

3. 截污缺乏统筹收集与处理设施的匹配

城镇污水处理厂都有其最大设计处理能力，超过设计能力的污水即使输送至污水处理厂，通常也无法得到有效处理。城镇水体控源截污工程的实施应以所截流污水能得到有效处理为前提，但很多水体治理工程并未对现有城镇污水管网输送能力和污水处理厂处理能力进行系统评估，只是简单地将水体沿线发现的所有排污口进行截流，并就近排入城镇市政管网，导致出现上游截污下游冒溢或直排的现象，城镇污水直排的问题没有得到根治。截污过程中的“清污”不分更是加大了污水处理设施的水力负荷，增加了污水溢排风险，这也是许多城镇普遍出现旱季则溢、雨季水体黑臭反弹现象的重要原因之一。

3.1.2.2　污水收集系统的问题

1. 污水收集管网的系统性差

污水收集系统规划和建设的系统性不足。有的城镇污水收集管网分级分区多头管理，导致相互不衔接现象非常严重，小区、企事业单位、小商贩等各类排水户与市政管网之间错接混接问题突出；管材质量参差不齐，管基、管接口、检查井施工操作不规范、过程监管机制不到位，外水入渗和污水外漏等问题突出，管道破损、变形、移位、渗漏、淤积等现象普遍，严重影响了城镇污水管网的整体质量和效能；污水管道规划设计、施工验收等档案移交不及时，资料不完整，很多城镇对管网状况底数不清楚。

2. 旱天低流速加重了管道内淤泥沉积

充满度和流速是污水管道的重要设计参数。现行国家标准《室外排水设计规范》GB 50014 明确要求，污水管网在正常运行的设计充满度下，与之相应的最小自清流速一般不低于 0.6m/s，一些发达国家甚至将污水管道和合流制管道旱季流速控制在 0.75m/s。但我国大部分管道的实际流速远低于最小自清流速要求，导致管道沉积现象非常严重，旱季积泥深度超过管道直径 50%的现象比较普遍。而这些沉积物通常会在降雨期间被冲刷并排放至城镇水体，是城镇水体“雨后黑臭”的重要根源，也是城镇水环境综合整治需要解决的突出问题。

3. 城镇排水管网日常巡查养护制度不健全

定期的清通养护是城镇管道健康运行的保障，发达国家对此高度重视。德国早在20世纪80年代就建立了完善的管道排查制度，在1995年又进一步明确要求每3年进行1次全面排查。日本不仅定期对道路上的检查井、雨水口进行巡视和检查，并要求管道积泥深度超过直径5%就必须进行清通养护，要求受餐饮业污染影响的油垢管道1年要冲洗2次。美国不仅要求汛前必须进行严格的清通养护，而且每场雨后必须对雨水口进行及时清理。而我国一些城镇对管道的巡查养护制度不落实，管道破旧不堪，结构性损伤和功能性缺陷问题层出不穷。

3.1.2.3　降雨污染控制的问题

1. 合流制溢流污染成为城镇水体的主要污染源

降雨径流引起的合流制溢流污染城镇水体，成为城镇水体污染的重要缘由。大量测试结果表明，合流制排水系统降雨初期的溢流污染物浓度甚至超过污水处理厂旱天的污染物浓度水平。

2. 错接混接和沿街商铺排入是分流制系统的痛点

健康的分流制排水系统可以实现污水和雨水的分类收集。但雨水管道错接到污水管道，将导致降雨期间污水管道水量激增，超过城镇污水处理厂处理能力而形成厂前排放行为。污水管道错接到雨水管道，以及沿街商铺通过雨水篦子排放生产生活污水，也会导致水体沿线雨水口旱天排污行为。“大分流、小截流”的雨水管道末端截污方式在一定程度上解决了雨水口排污问题，但对于将雨水管道作为施工降水排放通道的城市，雨水管道末端截污会将大量施工降水截流至污水处理厂，成为分流制排水区域城镇污水处理厂的重要“清水”来源。

3. 对降雨径流污染控制缺乏科学性

与生活污水常年连续排放不同，降雨通常是季节性的。降雨径流污染控制与受纳水体的环境要求及入河污染总量控制密切相关，与降雨事件大小也有关，小雨径流裹挟污染物程度高、而大雨的稀释能力强。片面追求降雨污染净化设施高排放标准，甚至要求使用生物处理技术对降雨污染进行净化，既不科学，在技术、经济和安全等方面也不合理。

3.1.2.4　污水处理面临的问题

1. 城镇污水处理厂进水有机物浓度普遍偏低

我国目前68%的城镇污水处理厂年均进水BOD_5浓度低于100mg/L，占污水处理厂总规模的57%。其中，40%的污水处理厂年均值甚至小于50mg/L，占污水处理厂总规模的14%，远低于城镇居民生活污染物的排放水平，与发达国家或地区形成明显差距。如德国城镇污水处理厂进水BOD_5浓度平均为290mg/L，美国平均为250mg/L，中国香港平均在200mg/L以上，荷兰、新加坡、日本、韩国等国家的平均值也在170～180mg/L。

专栏8

城镇污水处理厂年均BOD_5浓度分布情况（2018年）

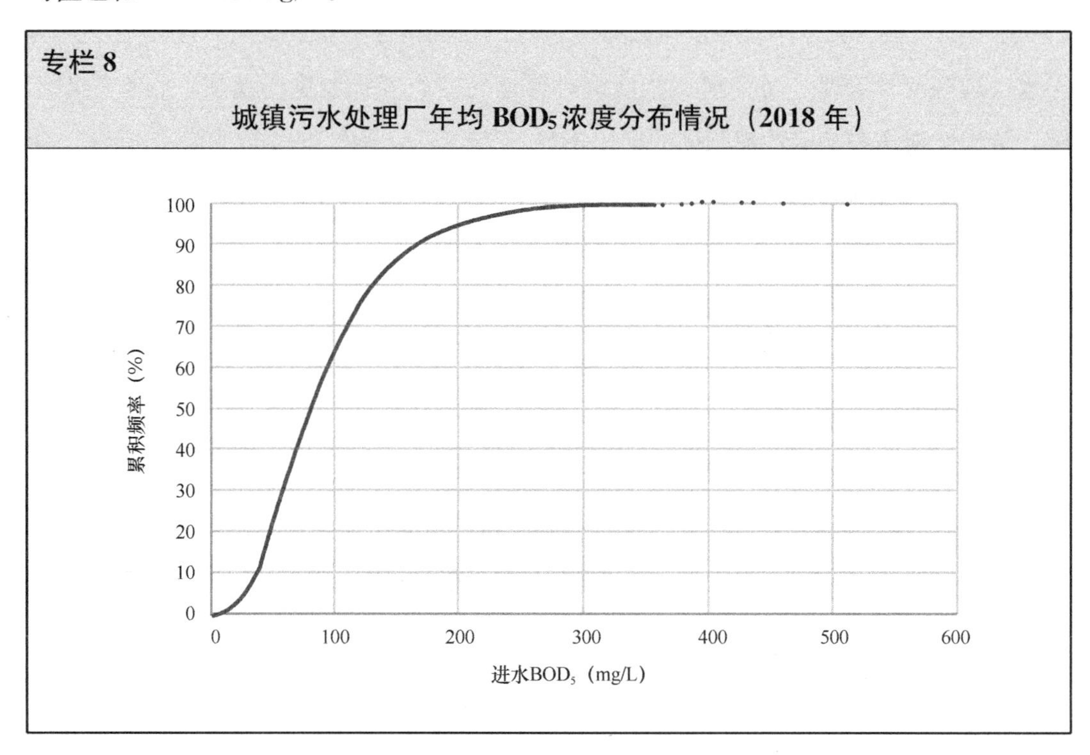

2. 以外加碳源和除磷药剂为代价换取高标准排放

脱氮除磷所需碳源普遍不足是我国绝大多数城镇污水处理厂面对的实际问题，依靠投加外部碳源实现出水TN稳定达标是污水处理厂的无奈之举，尤其是执行一级A及以上排放标准的城镇污水处理厂，多数需要通过外加碳源实现出水TN稳定达标，需要通过除磷药剂实现出水TP达标，造成严重资源浪费的同时，还可能带来新的环境问题。2018年，全国有1165座城镇污水处理厂通过投加碳源实现达标排放，占全国城镇污水处理厂的27%，其中60%以上的污水处理厂碳源投加量超过15 mg/L，执行一级A及以上排放标准的污水厂碳源平均投加量为30.30 mg/L。2822座城镇污水处理厂采用化学（协同）除磷工艺，占全国城镇污水处理厂的65%，其中60%以上的污水处理厂投加除磷药剂摩尔当量超过2，执行一级A及以上排放标准的污水处理厂除磷药剂投加的平均摩尔当量为2.30。

3. 工业废水排入影响污水处理厂稳定达标

依据有关法规，工业企业污废水应经必要的预处理至满足排入城镇下水道水质标准后方可排入市政排水管网和进入城镇污水处理厂进行处理。但有些工业企业未能有效处理工业废水，甚至将难降解的污染物排入城镇下水道，导致城镇污水处理厂难以稳定达标，不仅加大了城镇污水处理的难度和风险，也增加了处理成本。

3.1.2.5 污泥处理处置的问题

1. 污泥品质差、处置难度大

我国污泥具有低有机质、高含砂的特点，去除单位COD的污泥产率高（比正常产率高50%以上），进水高ISS限制了厌氧污泥消化的应用。2014～2016年期间对我国30座污水处理厂196份污泥样品进行调研分析发现，污泥有机质含量为29.2%～68.0%（均值为42.8%，中值为42.5%），明显低于欧美等发达国家污水处理厂污泥的有机质含量（60%～70%）。同时，我国污水处理厂初沉池沉砂措施不到位，导致污泥含砂量达14%～57%，占无机质的比例为30.2%～78.9%，且以粉砂、细砂为主，平均粒径不足60μm。

2. 污泥处理处置衔接系统性差

污泥预处理、稳定化处理、无害化与资源化处置利用在技术路线上、装备设施上、标准与政策环境上都缺乏有机衔接，不清晰、不配套、不充分，加大了污泥处理处置落地的难度。另外，许多城市未能按照《城镇排水与污水处理条例》的要求，规范开展和落实排水许可制度，排水源头管控措施不到位，导致重金属、难降解有机物等工业污染物超标，使污泥处置的出路受到限制。

3. 污泥处理处置技术装备严重滞后

尽管我国污泥处理处置技术不断发展，与发达国家相比，我国污泥稳定化处理水平严重落后。受污泥有机质含量的影响，我国有约60座城镇污水处理厂虽然建设了污泥厌氧消化设施，但超2/3未正常稳定运行。传统污泥好氧发酵工程设备自动化程度低、配套性不够，不能达到好氧发酵的规范要求，存在辅料添加量大、曝气量高、碳减排效果不突出、易产生臭气等问题。当前国内污泥处理处置设备制造业创新能力不足，同时也缺乏相关设备评价标准体系，导致国产污泥处理设备水平低、稳定性差，国际竞争力不强，制约我国污泥处理处置和资源化利用的发展。

3.1.3 发展趋势

1. 以人为本，系统构建生态、安全、亲水的城镇水体

系统打造城镇滨水空间，构建生态、安全、亲水的城镇水体，全面提升城市品质与百姓生活质量、塑造人水和谐的人居环境，已经逐渐成为城镇水体治理规划、设计、建设和管理者的共识。城镇水环境综合治理在更加关注其在保障基础设施运行安全的同时，实现水清绿岸、景观游憩、娱乐健身、慢行交通等多功能需求。

2. 由量到质，加快推进污水收集系统提质增效

贯彻落实党中央、国务院关于推进城镇高质量发展、改善人居环境目标要求，系统排查和识别城镇污水收集系统设计、建设和运行的问题，甄别污水处理厂进水浓度长期偏低的根本原因，科学构建污水收集系统排查检测制度，补齐城镇排水管网建设和运行维护短板，建立污水管网全方位监管与养护机制，加快提升污水收集系统效能。

3. 科学施策，有效控制降雨径流污染

系统构建以入河污染物总量控制为基础的雨水径流污染及合流制溢流污染控制体系、技术标准和相关管制策略，科学推进以降雨径流污染控制为核心目标，以污染物截留去除为主要功能、灰绿结合的雨水径流污染控制体系建设，将成为未来城镇水环境治理的趋势。

4. 节能高效，有效推动污水处理高质量发展

未来将以绿色低碳理念为指引，强化城镇污水处理厂运行诊断，基于处理单元技术的精细化控制与管理，系统解决城镇污水处理厂碳源无效损耗问题。进一步强化城镇再生水水质管控，全面提高城镇再生水利用的生态安全性，实现污水处理的节能减排与水资源的高效循环利用。

5. 泥水共治，持续提高污水厂污泥处理处置水平

加强城镇污水厂污泥处理处置全流程管理，全面实现污泥稳定化、无害化，推进稳定污泥的资源化利用，实现污泥中有机质及营养元素循环利用。

3.2 目标与任务

3.2.1 总体目标

充分发挥污水收集处理系统效能，建设完善的城镇排水与污水处理设施，力争做

到污水收集处理设施全覆盖，居民生活污水应收尽收，实现污水的全面处理、达标排放。加大污泥处理处置的规模和力度。通过源头减排和系统治理措施，有效控制降雨径流污染。在彻底消除黑臭水体基础上，初步恢复城镇水体的物理、化学和生态完整性以及水体自然净化功能，全面改善城镇水环境，实现清水绿岸、鱼翔浅底，提升水体景观和游憩等功能。

3.2.2　重点任务

3.2.2.1　全面提升城镇污水处理系统收排效能

污水收集与处理设施建设力争做到全覆盖、全收集、应收尽收。新建城区应全面实现雨污分流，适时推进老旧城区合流制排水系统的分流制改造和分流制排水管网完善，无法全面实现雨污分流改造的地区，应加强合流制排水系统完善与溢流污染控制，确保旱天污水处理厂进水 BOD_5 浓度达到 150mg/L 以上，并尽可能实现更高的水平。因地制宜地逐步提高污水处理厂的污染物去除效能，以适应水生态环境改善的高标准。通过污水处理厂进水 BOD_5 浓度提升和精细化运管，提高污水处理系统的整体效能和碳源利用率，确保处理后尾水排放达到相应的标准以及资源化利用的要求。

3.2.2.2　加强降雨径流污染控制

全面落实海绵城市建设理念，系统谋划，因地制宜，强化“源头减排、过程控制、系统治理”等综合治理理念，强化绿色设施与灰色设施的结合，采用“渗、滞、蓄、净、用、排”等方法综合施策，有效控制降雨径流污染。城镇新建项目年径流污染物总量（以 SS 计）削减率不小于 70%，城镇改扩建项目年径流污染物总量（以 SS 计）削减率不小于 40%。加强入河排口雨水径流污染控制，旱天不得出现污水排出现象，初雨污染按照受纳水体的水环境要求进行有效控制。污水处理厂处理设施规模应与截流设计标准相匹配，确保降雨期间污水处理厂具备足够的接纳能力。合流制管道达到合流制溢流污染控制要求，溢流排放口年均溢流频次控制在 4～6 次或年溢流体积控制率不小于 80%，合流制溢流污染控制设施 SS 排放浓度的月平均值不大于 50mg/L。

专栏 9

关于合流制溢流污染控制（CSO）指标的确定

1. 关于合流制溢流污染控制参数选择及其指标

针对城镇合流制溢流控制，美国主要以年均溢流频次、年均溢流体积控制率作为总体控制指标。美国多个州年均溢流频次控制标准设定为 1～4 次，年均溢流体

续表

积控制率为80%～90%，甚至更高。例如，美国宾夕法尼亚州费城市在其合流制溢流控制长期规划（2011—2036）中，提出用25年的时间，完成年均溢流体积控制率85%的控制目标；华盛顿州金县（King County）提出，预计到2030年，实现平均每年未经处理的溢流频次不超过1次的目标。我国池州市通过海绵城市建设试点，合流制区域年均溢流频次控制不超过15次、年均溢流体积控制率达到约70%。考虑到不同城镇的合流制排水系统运行情况差别较大，难以确定统一明确的溢流频次控制指标。因此，从对合流制溢流总量控制的角度，借鉴美国相关标准和国内实际情况提出，到2035年，城镇合流制溢流排放口年均溢流频次控制在4～6次或年溢流体积控制率不小于80%。随着海绵城市理念的不断深入、灰绿结合的普及与设计、运行管理的精准度的提升，可向更高的目标迈进。

2. 关于合流制溢流排口处理设施的排放标准

针对合流制溢流排口的CSO处理设施，还应规定污染物外排控制标准。例如，美国费城市、波特兰市CSO处理设施的SS浓度排放限值分别规定为月均25mg/L、30mg/L。合流制溢流雨污水悬浮物浓度较高，考虑到处理设施为雨天、旱天交替运行，多采用一级强化处理工艺。不同城镇CSO污染浓度受降雨径流、管网淤积状况等因素影响较大，参照现行国家标准《城镇污水处理厂污染物排放标准》GB 18918中三级排放标准的要求，提出合流制溢流污染控制设施SS排放浓度的月平均值不超过50mg/L的要求，若不满足受纳水体的环境质量要求，可进一步提高该项指标。

GB 18918－2002基本控制项目最高允许排放浓度（日均值）（单位：mg/L）

序号	基本控制项目	一级标准		二级标准	三级标准
		A标准	B标准		
1	化学需氧量（COD）	50	60	100	120
2	生化需氧量（BOD_5）	10	20	30	60
3	悬浮物（SS）	10	20	30	50

3.2.2.3 营造优美宜居的城镇水生态环境

尊重丰、枯、平水文规律，统筹兼顾生态与安全、景观与功能，实现蓝绿灰相融。系统推进河道与水体岸线整治和修复，保障水体生态基流，恢复或维系水清岸绿、鱼翔浅底的生态环境，实现城镇水体景观游憩、娱乐健身、生态环境以及排水防涝等多功能的目标要求。城镇水体水质明显改善，水体的景观休闲娱乐功能显著提升，水生生物生态特征和公众接触安全性能得到恢复，人体可直接接触类或休闲娱乐类城镇水体比例不低于80%，有条件的地区向更高的生态环境目标迈进。

3.2.2.4 积极推行厂网河（湖）一体专业化运管模式

以保障污水厂处理后排放尾水的受纳水体生态环境质量和安全为前提，以污水厂对应的服务片区及受纳水体所属汇水流域为基本管控单元，积极推行排水源头管控、输送过程监管、处理处置、尾水排放与再生利用于一体的厂网河（湖）一体专业化运管模式，统筹规划建设与运行管理，提高系统设施建设、运行调度、养护维保的科学性与系统性，确保设施系统效能最大化。

3.2.2.5 加大污泥处理处置设施建设规模和力度，实现污水处理系统和污泥处理处置、资源化利用的无缝衔接

按照住房和城乡建设部提出的城镇污水处理提质增效要求，改善污水管网收集系统，重视和改进优化污水厂沉砂工艺，“水—泥”系统联动，提升污泥有机质含量，改善污泥泥质。至2035年，污泥有机质含量提升到60%以上，全面实现污泥稳定化、无害化处理处置。按照《城镇污水处理厂污泥处理 稳定标准》CJ/T 510－2017及国际对污泥中易腐物质的稳定化处理标准，加快推进污泥稳定化处理，尽快实现污泥稳定化和无害化处理率均达到100%的要求。

3.3 路径与方法

3.3.1 全面提升城镇排水系统收排效能

3.3.1.1 补齐城镇污水收集系统短板

实现污水管网全覆盖，污水全收集、全处理。加大城镇雨污水管网建设力度，尽快补齐城中村、老旧城区、城乡结合部等区域的管网建设空白区；有计划的加快改造老旧管网及不合格管网，完善设施系统，全面提高管网的系统性。彻底清除城镇水体沿线的非法污水直排口，健全污水管道档案管理、资产移交和资产转固。

宜分则分，宜合则合。新建城区全面实现雨污分流，新建雨污分流系统宜取消化粪池，为排水户预留污水接驳口，杜绝雨污混接、错接，提高污水收集系统的效率。强化分流制雨水系统排污的源头管控和初雨污染控制，杜绝雨水管道输送施工降水，实现雨水管道旱天不排污。合流制地区应深入研究本地区适宜的排水体制，有条件的地区，继续推进“合改分”，不具备条件的地区积极推进合流制溢流（CSO）污染的控制。基于各城市合流制及其相关排水系统的现状及基本特征、运行工况、制约因素等，研究制定CSO控制目标。

系统分析城镇污水处理厂近、远期处理能力，合理确定污水处理厂及污水管网系

统的截流倍数，为处理截流的合流制溢流污水，应增加污水处理厂的预处理能力。当合流制管道截流倍数和增设的 CSO 调蓄设施超过污水处理厂处理能力时，应综合考虑额外增加其他就地处置措施。积极推进合流制溢流污染控制标准的研究与制定、污水处理厂雨天处理流程及工艺的技术探索与创新实践，全面实现 CSO 污染控制。

3.3.1.2　系统提升管网运行效能

污水管网严格按设计规范和运行控制要求运行。减少管网漏损，加快改进和完善管网运行工况，加快解决管网旱天低流速造成的沉积物淤积问题，确保旱天管道内污水平均流速不低于 0.6 m/s。

科学调度、合理控制管网旱天流速和运行水位（确保设计充满度的基本要求）。通过科学调度城镇污水处理厂集水井和沿程提升泵站的运行水位，实现管网旱天低水位运行，保障管网自净流速，减少颗粒物沉积。合理控制城市水体水位，避免城市水体入渗或倒灌污水收集管道。利用管网低水位形成的预留空间应对污水峰值流量，避免排水峰值与管道输送能力不匹配而引起的污水冒溢问题。

加强污水收集管网日常监测和清通养护，将污水管道定期清淤和淤泥处理处置纳入市政排水部门日常工作考核范畴，将淤积深度不超过管道直径 1/8 作为管网清淤的预警值，并纳入城镇污水收集管网的日常监管。

3.3.1.3　全面推进管网健康检查与修复

全面排查污水收集管网及其附属设施的分布及功能状况，尽快实现管网及其附属设施的精准定位和科学决策，进一步完善市政排水管网地理信息系统，做到城市排水管网一张图，实现管网信息化、账册化和决策智能化。

科学构建城市污水管网智能监控系统，并积极利用管道闭路电视检测系统（CCTV）、声呐、管道潜望镜（QV）等先进的检测工具和手段，定期检查管网内的底泥淤积、破损、塌陷、异物入侵等功能性和结构性缺陷，及时采取相应的措施进行修复，使管网及时恢复初始功能。

3.3.1.4　强化管网养护工作常态化

加强管网运行维护队伍建设。通过内部培养或市场化委托的形式，组建有责任心、有能力的排水管网专业维护队伍，定期组织排水管网维护工作，解决好排水管网运行维护的持续性问题。加强餐饮、娱乐、洗车、施工工地等特殊区域管网日常巡查与清疏，加大养护频率，避免油污凝结影响管道畅排能力。根据城镇污水管网的特点、规模、服务范围等因素，结合相关标准定额，合理确定人员配置和资金保障，确保管网运行维护工作持续开展。

3.3.1.5　规范管理排水行为，确保污水有序纳入污水管网

建立纳管排污管控系统和污水管网地理信息系统，对排污口和接驳点进行定点管理。结合污水管网建设和改造，强化主动服务意识，建立排水户信息登记制度，组织做好经营性排水单位和个体工商户的排水接驳，确保污水有序纳入污水管网。逐步完善“小散乱”排污管理机制，建立沿街商铺和餐饮排水行为的巡视巡查制度，提高动态监控能力和管理时效性。加强排水户接驳宣传与法制教育工作，增强经营性排水单位和个体工商户的社会责任感和排水自律行为。

3.3.1.6　认真落实排水许可制度

积极协助主管部门，严格按照国务院《城镇排水与污水处理条例》及住房和城乡建设部《城镇污水排入排水管网许可管理办法》的要求，对排水水质与生活污水水质有重大差异、且可能对排水与污水处理设施正常运行及安全生产和污水、污泥资源化利用产生影响的重点排水户实施排水许可管理。对重点排水户、施工降水和基坑排水等要严格按照排水许可进行管理；对一般排水户（包括沿街商铺、小餐饮等）可推行自律信誉管理，确保污水有序纳入污水管网。

3.3.2　全面提高城镇污水处理厂效率

3.3.2.1　系统推进污水处理设施能力建设

适度提高城镇污水处理厂的旱季处理能力，有条件的地区应适度超前建设。现有处理能力不能满足污水全收集、全处理要求的地区，应尽快通过工程或技术手段提高城镇污水处理设施规模，提高应对溢流污染控制等突发事件及设施正常检修维护的能力，确保2035年所有城镇污水实现全收集、全处理、全达标的目标要求。因地制宜地提高合流制排水区域的截流倍数有效解决合流制溢流污染问题，城镇污水处理厂初沉池等预处理设施规模应与截流设计标准相匹配，或单独建设与截流倍数相适应的合流制溢流污染一级强化快速净化设施，确保降雨期间污水处理厂具备足够接纳降雨径流污染的处理能力。

3.3.2.2　提升污水处理系统精细化运管水平

加强城镇污水处理系统的精细化设计与建设，形成功能明确、分区灵活、运行可调的工艺单元组合，为精细化运行管理创造条件。

强化污水处理厂进出水COD、SS、NH_4^+-N、TN、TP在线监测，加强城镇污水

处理工艺系统仪表设备的基本配置，形成布点科学、配置完备、及时准确的工艺过程在线监控系统，为精细化管控和智慧水务奠定基础。有条件的地区在完善信息化、自动化的基础上，借助物联网、大数据、云计算等现代信息技术发展契机，逐步建立数字化、智能化、智慧化的管控体系和平台，进一步提升运管水平。

加快完善污水管网设施和运行管理，减少因泥沙随降雨进入城镇下水道、导致污水处理厂进水无机质含量增高的问题。改造或优化现有沉砂池，提高除砂效率，降低污泥无机质含量，为污泥能源化、资源化提供良好条件。强化排水许可制度的落实，严格管控进入城镇污水管网工业废水水质，从源头上控制有毒有害污染物，为污泥土地及资源化利用消除障碍。

3.3.2.3　适度探索家庭餐厨粉碎入污水管道的技术

新建分流制排水体制的城市新区，不设置化粪池且污水管网质量和运维管理相对较好的地区，在充分满足排水管道坡度和自清流速要求、避免油污堵塞管道及餐厨垃圾滞留的前提下，可适度探索家庭餐厨垃圾粉碎后入污水管道的技术，将粉碎后家庭厨余垃圾排入下水管道，通过市政污水管网排至污水厂进行处理，提高城镇污水厂的有机物成分，减少家庭厨余垃圾污染。要加强厨余垃圾对污水管道和污水处理厂运行影响的观测和研究，积累设计运行经验。

专栏10

家庭餐厨垃圾粉碎后直排下水道

日本、美国等一些城市在这方面进行了有益的尝试，取得了一定的经验。推广家庭餐厨垃圾粉碎后直排下水道，有利于提升污水有机质浓度，同时带来生活垃圾减量，减少垃圾污染和处理的工作量，这是一些国家推广这项技术的初衷。但推广这项技术是有前提的：一是，一定是分流制排水体制，且管道质量有保障；二是，一定取消了化粪池，但同时要充分考虑防臭味溢出和安全等措施要到位；三是，管道坡度要保障自净流速，避免粉碎的餐厨垃圾在系统中滞淤，尽可能地快速将污染物输送至污水处理厂。

3.3.2.4　构建生态、安全的再生水水质指标体系

构建人水和谐的水生态指标体系。以保障水生态安全和水资源利用为目标，提升再生水水质，保障城镇污水处理厂再生水水质的生态安全性，消除再生水补水可能引发的水体生态环境风险，维持城镇水体的生态环境动态平衡。加强再生水中重金属、有毒有害物质、生物毒性物质对城镇水体的生态利用风险和健康状况影响分析，通过

源头管控有效阻挡重金属、有毒有害物质进入市政排水系统；科学构建城镇再生水景观补水的安全评价指标体系和水体富营养化控制指标体系。

3.3.3 加强降雨径流污染控制

3.3.3.1 大力推进海绵城市建设

充分发挥海绵城市建设对降雨径流污染控制的作用。将传统的末端治理向源头减排上溯，采取“源头减排—过程控制—系统治理”相结合的技术路线，将快排转换为兼顾生态安全的“渗、滞、蓄、净、用、排”的耦合技术措施，以灰绿结合、蓝绿融合的技术措施，系统控制雨水径流污染，强化雨水的资源化利用。

3.3.3.2 以径流总量控制指标为抓手，加大雨水径流污染控制力度

以径流污染总量控制率作为源头减排设施设计与管控要求，将传统的雨水重力收排方式改为溢流排放，雨水经下垫面和源头减排设施的渗、滞、蓄、净后，再溢流排放到市政雨水排水系统中，实现雨水的径流污染控制。建设项目要严格执行雨水径流量与径流污染削减管控指标要求，研究制定雨水径流污染体积控制指标（WQCV）作为雨水径流污染控制的设计管控指标，未达到源头雨水污染控制要求的新建开发项目，排放雨水不得接入市政雨水管网。

3.3.3.3 结合城镇更新改造，积极推进雨水径流污染控制

积极推进老旧小区排水设施的升级改造与补短板、清理雨污管网错接与混接、合流制管网清污分流等工作与海绵城市建设相结合。积极与相关部门和行业配合，对城镇广场、道路、停车场等高污染硬化地面实施改造，借力推进雨水径流污染控制。

3.3.3.4 结合排水管网入河排口整治，系统推进雨水径流污染控制

将排水管网入河排口整治与城镇水体岸线生态修复、景观营造等工作同步推进，采取绿灰结合、蓝绿融合的技术措施，因地制宜建设合流制溢流污染与初雨污染削减设施，有效降低入河污染量。

3.3.4 营造优美宜居的城镇水生态环境

3.3.4.1 强化以人为本的城镇水环境营造理念

遵循以人为本的城镇水环境治理理念，统筹枯水期最小生态基流保障、常水位景观与水质维系、超强降雨的排水防涝安全等要求，营造生态、安全、亲水和谐、旱湿两宜的城镇水体景观。

3.3.4.2 系统化推进城镇水体治理

针对当地气象水文特征、生态环境承载能力、污染物排放规律、社会经济发展强度等，在充分解析污染来源与当地水体生态机理的基础上，因地制宜地研究建立技术可行、经济合理的治理模式，统筹上下游、左右岸的协同治理，科学构建系统、可持续的水环境治理工作机制。

3.3.4.3 积极推进再生水用于城镇水体生态补水

在确保城镇水体生态环境安全的前提下，积极推进再生水用于城镇水体生态补水、景观用水等。鼓励缺水地区将再生水优先用作城镇水体补水水源，提升水体自净能力，营造宜居水生态环境。严格禁止调水冲污的做法。

3.3.4.4 科学制定并实施水体生态清淤制度

以水环境质量保障为根本，根据水体生态环境平衡和景观等功能需求，科学制定河道清淤、生态维系、岸线保洁制度，系统制定城镇水体底泥疏浚、清通养护和淤泥处理处置方案，既保证水体水质，又能为水生动植物生长繁殖提供必要的底栖营养，确保清淤工程科学实施，淤泥处理处置环境友好。

3.3.4.5 推进城镇水体健康诊断与黑臭预警机制

构建城镇水体健康诊断技术指标体系。从城镇水体的物理、化学和生物完整性切入，科学构建以公众和生态安全为核心，从水文、水质、生物群落、生态服务功能等多个维度进行城镇水体健康诊断和技术评价。有条件的地区可结合智慧水务体系建设，积极探索构建城镇水体黑臭预警和智慧管控综合平台，将城镇水体沿线排污口、雨水排放口、水体监测点，以及重点排水户作为智慧管控的主要节点，设置水质在线监测与预报预警系统，提升城镇水体管控水平。

3.3.4.6 加强城镇水体水质保持基础理论研究

加强城镇水体黑臭成因、水体治理和水质保持基础理论研究的力度，重点开展基于城镇功能定位的水体结构和功能技术、维持城镇水体生态健康的清淤规律与管控、城镇水体治理技术的工程效果跟踪与效能评价、城镇再生水补水的生态安全性等基础研究，梳理城镇水体治理的技术清单，建立城镇水体治理成功范例、标杆项目和案例库。

3.3.5 积极推进“厂网河（湖）”一体专业化运营管理模式

推行“厂网河（湖）”一体化专业运营管理模式既符合科学发展观的要求，又有利于发挥系统效能，实现多目标综合效益的最大化。应以保障城镇水体生态环境质量和安全为终极目标，以污水处理厂对应的服务片区为基本管控单元，统筹建设与运行管理，采取“厂网河（湖）”系统化一体专业运管模式，明确服务范围、业务工作量、服务标准、责任要求与价格等责权利，运用市场机制，择优选择有经验、有能力的专业企业承接运管（或 BOT 等其他形式）服务。推动与政府签订按效付费的政府购买服务合同或特许经营协议，明确各级政府和有关行政管理部门的管理和监管要求以及服务企业绩效与责、权、利等，以科学的运营机制化解管理体制障碍。服务承接企业可接受政府委托第三方专业机构按合同规定进行绩效考核。

第4章 城镇排水防涝

4.1 现状与需求

4.1.1 发展现状

城镇逢雨必涝是党中央、国务院高度关注的民生问题。2013年，国务院密集出台了《关于做好城市排水防涝设施建设工作的通知》（国办发〔2013〕23号）、《关于加强城市基础设施建设的意见》和《城镇排水与污水处理条例》（中华人民共和国国务院令第641号）等文件。在国家政策推动下，各地积极响应和落实，在健全相关标准、加快城镇排水防涝设施建设、提升排水防涝系统性、健全城镇排水与暴雨内涝防范应急预案等方面均取得了一定的成效。

专栏11

城镇排水防涝方面的重要政策文件

文件名称	涉及城镇排水防涝的主要内容
防洪法 （1997年11月1日第八届全国人民代表大会常务委员会第二十八次会议通过，2007年10月28日第十届全国人民代表大会常务委员会第三十次会议修订，2016年7月2日第十二届全国人民代表大会常务委员会第二十一次会议通过修改）	第十四条　平原、洼地、水网圩区、山谷、盆地等易涝地区的有关地方人民政府，应当制定除涝治涝规划，组织有关部门、单位采取相应的治理措施，完善排水系统，…… 城市人民政府应当加强对城区排涝管网、泵站的建设和管理

续表

文件名称	涉及城镇排水防涝的主要内容
国务院关于加强城市基础设施建设的意见（国发〔2013〕36号）	首次以国务院的名义就城市基础设施建设发文，具有标志性意义，提出基本原则即安全为重。 明确“安全为重”是加强城市基础设施建设的重要基本原则。要求提高城市管网、排水防涝、消防、交通、污水和垃圾处理等基础设施的建设质量、运营标准和管理水平，消除安全隐患，增强城市防灾减灾能力，保障城市运行安全
城镇排水与污水处理条例（2013年10月2日国务院令第641号发布，自2014年1月1日起施行）	该规定对于加强城镇排水与污水处理的管理，防治城镇水污染和内涝灾害，具有重要意义。 在规划和建设章节： 第七条　易发生内涝的城市、镇，还应当编制城镇内涝防治专项规划，并纳入本行政区域的城镇排水与污水处理规划。 第八条　城镇内涝防治专项规划的编制，应当根据城镇人口与规模、降雨规律、暴雨内涝风险等因素，合理确定内涝防治目标和要求，充分利用自然生态系统，提高雨水滞渗、调蓄和排放能力。 第十三条　县级以上地方人民政府应当按照城镇排涝要求，结合城镇用地性质和条件，加强雨水管网、泵站以及雨水调蓄、超标雨水径流排放等设施建设和改造。 新建、改建、扩建市政基础设施工程应当配套建设雨水收集利用设施，增加绿地、砂石地面、可渗透路面和自然地面对雨水的滞渗能力，利用建筑物、停车场、广场、道路等建设雨水收集利用设施，削减雨水径流，提高城镇内涝防治能力。 在排水章节对县级以上地方人民政府和城镇排水主管部门在城镇内涝防治工作中应该建立排水设施地理信息系统，建立内涝防治预警、会商、联动机制，明确雨水排水分区和排水出路等作出具体规定

续表

文件名称	涉及城镇排水防涝的主要内容
国务院办公厅关于做好城市排水防涝设施建设工作的通知 （国办发〔2013〕23号）	该规定明确了我国排水防涝工作的目标任务和实施途径，提出要出台城镇排水与污水处理条例。 要求建立管网等排水设施地理信息系统，对现有暴雨强度公式进行评价和修订，全面评估城市排水防涝能力和风险，及时研究修订《室外排水设计规范》等标准，科学制定城市排水防涝设施建设规划，加强与城市防洪规划的协调衔接，将城市排水防涝设施建设规划纳入城市总体规划和土地利用总体规划。 要求加快推进雨污分流管网改造与建设，对于暂不具备条件的，要加大截流倍数，提高雨水排放能力，并明确提出积极推行低影响开发建设模式，树立尊重自然、顺应自然、保护自然的生态文明理念。用10年左右的时间，建成较为完善的城市排水防涝工程体系。 同时，明确应加大资金投入、健全法规标准、完善应急机制、强化日常监管、加强科技支撑等保障措施，并明确各地区要落实城市排水防涝工作行政负责制并纳入政府工作绩效考核体系；住建部、发改委、水利部应协同做好城市排水防涝工作
关于印发城市排水（雨水）防涝综合规划编制大纲的通知 （住房城乡建设部办公厅，建城〔2013〕98号）	该文件明确了城市排水（雨水）防涝综合规划的主要内容要求。 《大纲》明确列出规划编制内容包括城市排水防涝能力与内涝风险评估、城市排水（雨水）管网系统规划等，并要求规划细致描述近10年城市积水情况、积水深度、积水范围等以及灾害造成的人员伤亡和经济损失。 《大纲》还对城市排水防涝的规划目标作出要求，并提出城市排水防涝设施的改造方案要结合老旧小区改造、道路大修、架空线入地等项目同步实施，还对敏感地区如幼儿园、学校、医院等提出明确要求，确保在城市内涝防治标准以内不受淹

续表

文件名称	涉及城镇排水防涝的主要内容
关于做好城市排水防涝补短板建设的通知 （住房城乡建设部办公厅、国家发展改革委办公厅，建办城函〔2017〕43号）	该通知对国务院确定的城市排水防涝补短板范围所包含的60个城市，提出工作要求。 要求抓紧编制完成城市排水防涝补短板实施方案，为全面完善排水防涝工程体系做好基础，并解决当前对居民生活生产影响较大的内涝积水问题。从“地下排水管渠、雨水源头减排、城市排水除涝设施、城市数字化综合信息管理平台”等几方面开展重点工程建设任务。 要求加快项目前期工作，“一点一策”，确保易涝点整治后达到现行国家标准《室外排水设计规范》GB 50014规定的要求。 同时明确了各城市可多渠道筹措资金，规定了强化工程建设责任终身追责以及支撑国务院提出的人民政府是城市排水防涝工作责任主体的相关措施

4.1.1.1 树立现代雨水综合管理理念

2013年，习近平总书记提出建设自然积存、自然渗透、自然净化的海绵城市。这是具有中国特色且符合现代城市雨水管理的理念，强调城镇排水系统应尊重水文规律，统筹兼顾安全与生态的关系，在保证城镇安全的同时也要尽可能降低城镇雨水排放对自然生态和环境的影响。在研究借鉴当代国际城市雨洪管理理念基础上，结合我国国情，将城镇雨洪管理策略从传统的过度依赖灰色基础设施、以末端集中快排的方式，向涵盖源头减排、排水管渠、排涝除险全过程控制的“渗、滞、蓄、净、用、排”多途径消纳、工程性措施和非工程性措施相结合转变，树立灰绿结合、蓝绿融合的城镇排水防涝的建设思路。

4.1.1.2 构建城镇排水与内涝防治综合体系

一是构建由源头减排设施、市政排水管渠、排涝除险设施（蓄排设施、行泄通道等）等工程性措施，以及设施运维、智慧水务、应急管理等非工程性措施共同组成的城镇内涝防治系统，既保障管网设计重现期内常规降雨的正常排放，又可有效应对超常雨情，逐步解决城镇应对超雨水管网排水能力暴雨径流的问题。城镇排水规划和设计不仅要注重管道、泵站等排水设施的布局和设施规模的确定，还应系统考虑超出管网设计标准的雨水出路，并提出相关技术标准和规范、统一的设计方法和相应的工程设施等综合手段。二是在城镇排水和内涝防治体系自身完善的基础上，还需与应对外洪的城镇防洪体系有效衔接。流经城镇的过境河流也是城镇区域内雨水径流的重要出路之一，上游来水的过境流量会直接影响河流的水位，而过境河流的水位又会直接影响城镇内涝防治系统的排泄能力。

4.1.1.3 建立城镇排水防涝系统标准

1. 海绵城市建设促进了标准体系的完善

海绵城市试点建立了涵盖源头减排系统（微排水系统）、市政排水管渠系统（小排水系统）和防涝除险系统（大排水系统）灰绿结合的现代城镇雨洪管控工程技术体系。在源头减排系统建设、排水管网补短板、内涝防治蓄排系统建设、河道排涝防洪系统建设等方面形成的成果，及时汇入《城镇内涝防治技术规范》GB 51222－2017、《城镇雨水调蓄工程技术规范》GB 51174－2017、《海绵城市建设评价标准》GB/T 51345－2018等标准中，确立了“源头减排、排水管渠、排涝除险”的内涝防治“三段论”建设体系。

2. 确立了城市内涝防治标准

现行国家标准《室外排水设计规范》GB 50014明确提出了我国城市内涝防治标准，即超大城市设计重现期为100年一遇，特大城市为50～100年一遇，大城市为30～50年一遇，中等城市和小城市为20年一遇。这些具体规定使我国城市的内涝防治工作有标准可依。

3. 提高了市政雨水管渠设计标准

现行国家标准《室外排水设计规范》GB 50014中，将原来“一般地区1～3年一遇、重要地区3～5年一遇”的市政雨水管渠设计重现期的规定进行了分类细化并提高了标准；将各类城市按照非中心城区、中心城区、中心城区的重要地区进行了划分，设计标准提高到2～3年、3～5年、5～10年一遇，并增加了中心城区地下通道和下沉式广场的设计标准，按各类城市规定为10～20年、20～30年、30～50年一遇，并对计算方法和暴雨强度公式的制修订作了新的规定。

4. 明确雨水径流源头控制设计要求

修订后的现行国家标准《室外排水设计规范》GB 50014和《城镇内涝防治技术规范》GB 51222中，新增了雨水源头减排设施要求，以年径流总量控制率作为设计指标，充分发挥源头减排设施对污染控制、峰值控制和雨水利用的作用，体现“自然积存、自然渗透、自然净化”的生态排水理念。

4.1.1.4　进一步优化排水设计计算方法

1. 引入数学模型方法

几十年来，我国一直沿用推理公式法计算雨水的流量，用于排水管道的设计。该方法更适用于汇流面积较小的区域，当汇水面积较大时，不能统筹考虑汇水范围内管网系统的水力学特征，计算结果与实际存在偏差，不能完全适应极端天气频发和城镇化发展的需要。新颁布的国家标准对排水计算方法提出了新的要求，明确提出当汇水面积超过 $2km^2$，设计雨水管道水力学校核和内涝防治设计校核推荐采用数学模型法。现状越来越多的规划和设计项目采用水文学、水力学计算软件建立排水模型，进行排水防涝规划设计方案的诊断、校核和评估，较好地提高了大面积汇水区域降雨产汇流计算的准确性，满足了蓄排结合技术的计算需求。目前，采用交互界面较好、功能较强大的国外软件较多，如 SWMM（美国）、InfoWorks（英国）、MIKE URBAN（丹麦）、XPSWMM（澳大利亚）、SUSTAIN（美国）等软件。

专栏 12

常见的模型软件对比

比较项目	SWMM	InfoWorks	MIKE URBAN	SUSTAIN	SWC
时间尺度	场次、连续	场次、连续	场次、连续	场次	场次、连续
空间尺度	城市	城市管网	城市管网	城市	城市
发行方	USEPA	Wallingford	DHI	USEPA	USEPA
发行时间	1971 年	1997 年	1984 年	2003 年	2014 年
模型类型	水文/水力/水质	水文/水力/水质	水文/水力/水质	水文/水力/水质	水文
主要功能	对最初的场地规划和设计进行模拟	城市排水系统的详细模拟	城市排水系统的详细模拟	模拟 LID 设施对于地表径流与非点源污染的削减效益	对最初的场地规划和设计进行模拟
输入数据	水文参数、地表污染累计参数、冲刷模型参数等	水文气象参数、土地利用类型、累计冲刷系数等	水文气象参数、土地利用类型、累计冲刷系数等	气象参数、污染物特性、土地利用特性、雨量计和子汇水区特性等	位置、土壤、排水、地形、降雨量、气候变化、土地覆盖和 LID 设施等

续表

比较项目	SWMM	InfoWorks	MIKE URBAN	SUSTAIN	SWC
输出数据	雨水径流量、峰值流量、污染负荷分析等	城市排水系统相关信息	城市排水系统相关信息	暴雨时间分级分析、特定暴雨时间序列显示、BMP性能报表和效率—成本曲线等	雨水径流生成量、滞留量和未达到设定控制目标相应的LID设施类型及其面积等
数据接口	—	与GIS、CAD、Google Earth对接	与GIS、CAD、Google Earth对接	与Excel软件对接	—
软件性质	免费开源	商业软件	商业软件	免费，已停止更新	免费
应用情况	多用于高校做基础研究与二次开发，XPSWMM和PC SWMM等都是在SWMM基础上进行的二次开发	国内应用较普遍	国内应用较普遍	国内应用较少	国内应用较少

2. 加快暴雨强度公式修订

暴雨强度公式是反映降雨规律、指导城镇排水防涝工程设计和相关设施建设的重要基础。在2010年前，我国各地的暴雨强度公式更新周期长，部分城市或地区甚至三四十年未更新，难以准确地反映当地的降雨特征。现行国家标准《室外排水设计规范》GB 50014对暴雨强度公式的取样方法和修订周期都做出了新规定。2014年住房和城乡建设部会同国家气象局出台《关于做好暴雨强度公式修订有关工作的通知》（建城〔2014〕66号），明确要求各地尽快建立暴雨强度公式制、修订工作机制，并发布了《城市暴雨强度公式编制和设计暴雨雨型确定技术导则》。近年来，各地纷纷加快了暴雨强度公式的制修订工作。

4.1.1.5　实践探索和建设灰绿蓝相结合的内涝蓄排体系

各地贯彻落实《国务院办公厅关于做好城市排水防涝设施建设工作的通知》（国务院办公厅〔2013〕23号）要求，加快排水防涝设施建设，同时充分发挥绿、蓝设施作用，取得了事半功倍的效果。

1. 加大雨水管网建设力度

截至2018年底，我国城镇（城市、县城，不含村镇）雨水管道（含合流管道）长度达到38.66万公里，其中合流管道数量没有大的变化，基本维持在11万公里左右，而雨水管道（不含合流管道）数量较2011年增长了近2倍。

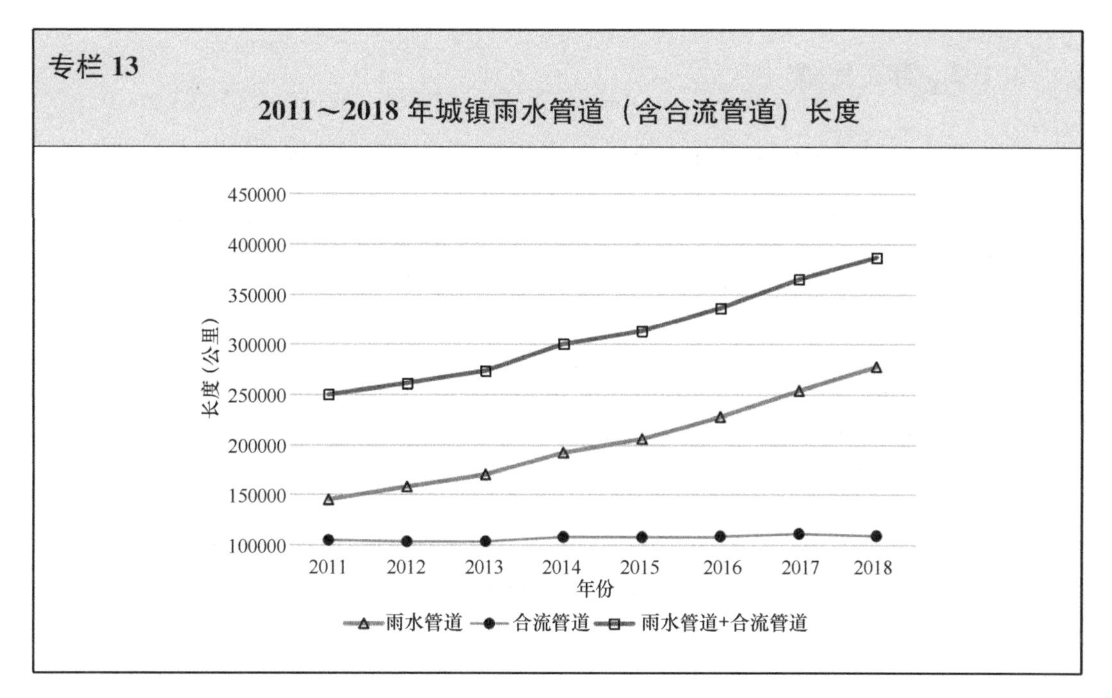

专栏 13

2011～2018 年城镇雨水管道（含合流管道）长度

2. 重视涝水行泄通道建设

住房和城乡建设部《城市排水（雨水）防涝综合规划编制大纲》明确提出涝水行泄通道的规划设计要求。各地在新编城镇排水（雨水）防涝综合规划中，充分发挥蓝色、绿色设施生态排水的功能，利用水系、河道、沟渠及部分道路作为超管网设计标准雨水的排泄通道。

3. 推广蓄排结合技术

在现行国家标准《室外排水设计规范》GB 50014、《城市排水工程规划规范》GB 50318 及一些地方标准中，明确提出要充分利用自然蓄排条件，考虑蓄排能力与治涝的平衡关系，推动蓄排结合技术的发展。2015 年以来，一些城镇陆续建成一批用于削减径流峰值的灰绿结合的雨水调蓄设施，在解决城镇内涝问题中发挥了重要作用，明显提高了城镇排水防涝能力。

4.1.1.6　推进排水信息化工作

完整准确的数据支撑可以极大地提高城镇排水（雨水）防涝设施规划、建设、管理能力和应急水平，降低城镇内涝风险。很多城镇开展了内容涵盖排水系统软硬件设施在内的城镇排水（雨水）防涝数字信息化管控平台建设，数字信息包括设施系统普查信息、历史信息、监测信息、运行信息、决策信息等内容，实现了日常管理、运行调度、灾情预判、辅助决策等功能。信息化平台为排水和市政管理部门提供决策支撑，在应急管理方面也将发挥了强大的作用。

4.1.2 存在问题

城镇排水防涝系统的构建和完善，尤其是已建城区排水能力的改造是一项复杂、长期的系统工程，不是一蹴而就的。当前城镇排水防涝系统普遍还很不完善，大量排水设施规模偏小且质量不佳、已建城区排水设施短板依然明显，城镇内涝问题仍很突出。

4.1.2.1 城镇开发建设对自然水文循环破坏严重

1. 占用调蓄空间，自然蓄排能力大幅下降

进入21世纪以来，我国城镇化水平由2000年的36%上升到目前的接近60%的水平。在城镇开发建设中，由于忽视了对原有水文特征的尊重，高强度的土地开发导致城镇地形地貌变化，改变了原有的自然排水体系，破坏了自然水循环系统。原有的湖泊水系被挤占、排涝通道被填埋，使城镇调蓄能力大幅下降，雨水出路也被阻断。如南方某市在30年的城市化建设过程中，水域面积减少了26%，平均每2年消失3个湖泊，2016年对该市湖泊水域面积减少严重的区域与主城区内涝主要发生点的对比分析研究，发现湖泊水域减少与城市内涝的发生具有很明显的相关性。

2. 排水通道缺失，造成排水不畅

随着城镇向周边扩展，以往城外的行洪河道演变成城镇内河，城市建设导致其行泄能力缩减。而城镇中原有的河湖水面也被挤占，所剩无几，幸存的河流水面大幅度减少，许多城镇内河水系成为断头河，难以再发挥行泄、排涝的功能。明渠改为暗沟，河道疏浚不及时、垃圾倾倒堵塞排水通道等造成排水不畅的问题也比比皆是。

专栏14

河道盖板的发展

20世纪70年代，由于人们对治水的认识有一定的局限性，再加上我国当时的经济发展还比较落后，所以许多城镇对有污水排入的河道不是积极治理，而是采取“一盖了之”的做法。这种情景不仅在国内有，在国外也很普遍。随着污水处理技术的发展和人们环保意识的增强，为彻底治理水环境和水患又开始揭开河道上的盖板，既增加了泄水断面，又美化了环境，愉悦了游人。韩国首尔清溪川的演变和治理过程就是国际典型案例。

3. 城镇下垫面硬化比例过高，加大雨水径流量和峰值

现行的建设规划管控仍是以建筑密度、绿地率、容积率等指标为主，没有涉及降

雨径流控制方面的要求。在传统的城镇开发建设中，受理念的限制，能硬化的就硬化，能抬高的就抬高，能快排的就快排，广场道路大面积硬化，雨水管道集中快排，这种建设方式带来不透水面积的急剧增加，对原生植被环境和土壤渗透条件带来很大的破坏，引起地表径流系数明显增加，从而带来径流总量增加和径流峰值增加，加重了市政排水系统的负担。同时，由于减少了水汽蒸腾，也加大了城市热岛效应。根据遥感监测，2008年我国城市不透水的地表面积平均比例约为66%，径流系数相比自然植被提高了30%～40%。2013年《上海市城镇排水系统防汛能力调查评估》报告显示，评估范围内（中心城区43个排水系统，约93km^2），约有65%的排水系统地表径流系数实际值远超过设计值。

4. 城镇竖向高程规划的排水防涝针对性不足

城镇竖向高程规划对城镇的排水防涝安全有很大影响。“水往低处流”，城镇化过程中传统的竖向高程规划往往没有系统地考虑城镇排水防涝的需求，仅根据建设需要而对原有场地的地形地貌及河湖水系关系尊重不够，没有从排水的角度统筹协调排水分区内地块、道路、绿地、水系标高的相对关系，甚至将低洼地规划为重要的建设用地，造成建成后的场地、道路排水困难，不仅排水设施的建设投资大幅增加，也容易增加城镇内涝风险。

4.1.2.2 排水防涝设施短板明显，能力严重滞后

1. 现状管网标准低

长期以来，城镇排水系统的建设主要依靠管网、渠道、泵站等设施应对重现期1～3年范围内的短历时暴雨排放，而对于超过市政排水系统标准的20～50年一遇及以上的长历时暴雨引起的城市内涝，城镇排水系统应对能力非常不足。从标准实际执行情况看，各地往往取下限执行，使得设施能力欠账更大。以上海为例，至2019年，上海中心城280多个排水系统，达到3～5年一遇的约占17%，其余系统基本为1年一遇。同时，气候变化导致城市暴雨强度发生变化，原有1年一遇的系统规模小于当下实际1年一遇降雨对应的系统规模，更是远低于现行国家标准的要求。另一方面，城镇化建设加快，地块开发的径流系数无法满足规划控制要求，也降低了区域既有设施的排水标准。

2. 小区和道路排水系统不完善

与欧美等发达国家完善的城镇小区绿色地面和道路排水系统相比，我国城镇小区地面和道路排水海绵理念尚在初期推广之中，竖向控制、建设管理、设计方法与标准

执行有待加强。道路横坡小、雨水口大小及设置不合理等问题造成排水不畅；下穿立交道路地势低洼，容易出现积水快、淹泡深、退水慢等问题，是城镇排水防涝中最薄弱的节点。

3. 排涝除险系统缺失

很多城镇没有意识到天然排水系统的功能，填掉、阻塞排水通道现象严重。自然水文循环系统的破坏，加大了构建完整的排涝除险系统难度，同时严重影响了发挥城镇洼地、广场、公共绿地等排涝除险的作用，以及汛期超管网设计标准雨水的排放。

4.1.2.3　城镇排水、防涝、防洪系统衔接不畅

城镇内涝还受到诸如山洪暴发、海潮漫淹、河道满溢等多个方面的影响，虽然城镇内涝防治标准的建立，弥补了城镇排水、防涝、防洪在设计降雨、标准等方面衔接的问题，但是已有系统之间不能有效衔接的问题在短时间内难以彻底解决。近些年对城镇内部降雨引起的内涝控制力有显著提升，而受灾严重事件一般和外洪进城、河湖水位过高影响城镇排涝有很大关系。

专栏 15

城市内涝典型案例

2007年7月18日济南发生的强降雨事件中，3个多小时内，市区平均降雨达到142.2mm，大量径流无法经雨水管渠及时排出，加之南部山区暴发的山洪集中向下游城区汇集，形成10 m^3/s的马路洪水，冲翻汽车，造成巨大的财产损失和人员伤亡。广州2008年“黑格比”和2009年“巨爵”台风登陆时，珠江河水暴涨，在城镇低洼地区发生河水倒灌，造成“水浸街”的现象。北京广渠门桥下极易经常遇到降雨积水的重要原因便是下游东护城河的水势顶托影响，使得桥下积水无法及时排出，出现河水倒灌而形成内涝。

4.1.2.4　运行管理简单粗放

1. 日常养护制度不落实

雨水管渠及其附属构筑物的养护不到位，养护资金不足、专业运维队伍缺失、养护和监管制度欠缺，造成很多城镇的雨水管道处于有人建、无人管的状态，导致管道功能性缺陷（如淤积、堵塞等），以及结构性缺陷（如错位、破损等）情况严重，影响排水功能发挥。雨水口的养护不到位，体现在日常道路清扫中一些不规范的操作导致落叶等垃圾被扫入雨水口，或者一些安装了雨水口垃圾拦截装置的设施，在雨前未得到及时清理，造成雨水口和雨水连管堵塞，其集水能力和过水能力远远低于设计

要求。

2. 粗放型管理影响排水安全

有些分流制地区，为了在短期内消除雨污混接造成的旱天污水直排现象，当地管理部门不是追根溯源去开展雨污混接排查和改造，而是采取简单的封堵排口的方式，导致雨天径流无法排出而产生内涝；或者是沿河设置截流管道并在排口设置截流堰，但又没有去复核截流堰对系统排水能力的影响，致使雨水管道的运行工况和设计不符，影响排水安全。

3. 管理信息化碎片化

由于长期以来对管理信息化重视程度不够，很多城镇存在建管分离、责任主体多元、多龙治水、部门间沟通不畅等，对排水设施的底数掌握不清，管道系统的地理位置、类别（污水、雨水或合流）、标高、管径、健康状况等信息缺失，信息错漏严重，无法支撑精细化管理需求，更难以支撑预警预报和应急调度的精细化城镇安全运行管理的需要。

4.1.3　发展趋势

4.1.3.1　以海绵城市建设理念构建完善的排水防涝设施体系

为满足人民对美好生活的向往，有效应对气候变化引起的极端降雨条件，保障城镇排水防涝安全，城镇排水防涝设施系统应能适应城镇发展的需要，使建筑、小区、街区、城镇等不同尺度的区域均具有应对不同雨情、水情的韧性，兼顾冗余性和经济性。新时期我国城镇排水防涝设施系统应全面落实海绵城市建设理念，由传统单一排水管网向源头减排、排涝除险两头延伸。排水防涝设施体系应涵盖从雨水径流的产生到排放的全过程控制，包括源头减排、排水管渠、排涝除险等工程性措施和应急管理的非工程性措施，并与防洪设施有机衔接。

源头减排设施主要应对低强度大概率的中小降雨事件，应统筹好生态与安全的关系，注重灰绿耦合，削减径流峰值流量和控制雨水径流污染。源头减排设施一般由生物滞留设施、植草沟、雨水湿塘和绿色屋顶、透水铺装等滞蓄、渗透和净化等措施组成。对超出源头减排设施滞蓄能力的雨水，应安全溢流排放至市政排水管渠。

排水管渠设施主要应对较大概率的短历时强降雨事件，满足较大概率降雨事件（一般 2～10 年一遇降雨）的排水安全要求。一般由排水管道、沟渠、雨水调蓄设施和排水泵站等设施组成。

排涝除险设施主要应对小概率的超强降雨事件（一般20～100年一遇降雨），需从汇水区域统筹考虑，为超出源头减排设施和排水管渠设施承载能力的雨水径流提供行泄通道和最终出路，满足城镇内涝防治设计重现期标准的要求。

4.1.3.2 运行管理向精细化、信息化、智慧化方向发展

城镇排水防涝系统依靠传统、以人工为主的运行管理模式已无法适应现代化城镇安全运行的发展需求。排水防涝作为城镇安全运行的重要组成部分，应借助于大数据、互联网、云计算等现代高科技的普及与应用，推动数字化信息技术在排水防涝领域的深度融合与应用，打造更加高效、智能的排水防涝运行管控新模式，建立现代化的排水防涝数据采集和管控平台，为排水防涝的规划、设计、建设、运行管理、预判预警、城镇安全风险管控提供支撑。

4.2 目标与任务

4.2.1 总体目标

深入贯彻海绵城市建设理念，适应新型城镇化发展，全面提升城镇排水防涝能力，有效应对气候变化导致的极端降雨天气对社会管理、城镇安全运行和人民群众生产生活的影响，建立完善的灰、绿、蓝耦合的现代化城镇排水防涝设施体系，实现小雨不积水、大雨不内涝、暴雨不成灾的城镇排水防涝目标。

4.2.2 重点任务

4.2.2.1 构建完善的现代化城镇排水防涝体系

1. 实现内涝防治设计重现期标准

城镇内涝防治体系实现超大城市能有效应对100年一遇暴雨、特大城市能有效应对不低于50年一遇暴雨、大城市能有效应对不低于30年一遇暴雨，中小城市能有效应对不低于20年一遇暴雨的标准要求。在规定设计重现期下，应确保居民住宅和工商业建筑物的底层不进水。城镇主要交通道路至少有一条车道的积水深度不超过15cm，纵坡较大的城市道路，根据暴雨车辆涉水和路面漫流行泄风险，控制雨水径流速度，一般安全通行车道的流速不超过1.5m/s。同时，城市中心城区的重要地区，如交通枢纽等的雨后最大允许积水退水时间应为0.5h，其他地区根据城市功能，退

水时间不得超过《室外排水设计规范》要求。满足国家标准规定的内涝防治设计重现期的城镇雨水排水系统的覆盖率 100%。

专栏 16

《室外排水设计规范》相关规定

内涝防治设计重现期

城镇类型	重现期（年）	地面积水设计标准
超大城市	100	1　居民住宅和工商业建筑物的底层不进水； 2　道路中一条车道的积水深度不超过 15cm
特大城市	50～100	
大城市	30～50	
中等城市和小城市	20～30	

注：1. 表中所列设计重现期适用于采用年最大值法确定的暴雨强度公式。

2. 超大城市指城区常住人口在 1000 万以上的城市；特大城市指城区常住人口 500 万以上 1000 万以下的城市；大城市指城区常住人口 100 万以上 500 万以下的城市；中等城市指城区常住人口 50 万以上 100 万以下的城市；小城市指城区常住人口在 50 万以下的城市（以上包括本数，以下不包括本数）。

雨水管渠设计重现期（年）

城镇类型＼城区类型	中心城区	非中心城区	中心城区的重要地区	中心城区地下通道和下沉式广场等
超大城市和特大城市	3～5	2～3	5～10	30～50
大城市	2～5	2～3	5～10	20～30
中等城市和小城市	2～3	2～3	3～5	10～20

注：1. 表中所列设计重现期适用于采用年最大值法确定的暴雨强度公式；

2. 雨水管渠应按重力流、满管流计算；

3. 超大城市指城区常住人口在 1000 万以上的城市；特大城市指城区常住人口 500 万以上 1000 万以下的城市；大城市指城区常住人口 100 万以上 500 万以下的城市；中等城市指城区常住人口 50 万以上 100 万以下的城市；小城市指城区常住人口在 50 万以下的城市（以上包括本数，以下不包括本数）。

内涝防治设计重现期下的最大允许退水时间

	城区类型		
	中心城区	非中心城区	中心城区的重要位置
最大允许退水时间(h)	1～3	1.5～4	0.5～2

注：最大允许退水时间为雨停后的地面积水的最大允许排干时间。

2. 构建灰绿蓝结合的排涝除险系统

构建由河湖水体、绿地、洼地、道路等公共空间与蓄排设施组成的排涝除险系统，做好源头减排设施、市政排水管渠、排涝除险系统与防洪（潮）系统的有机衔接，使城镇达到内涝防治设计重现期的标准。

4.2.2.2 加快补齐市政排水管渠设施短板

1. 实现雨水排水系统全覆盖

对于城镇雨水排水系统未能覆盖的城镇规划建成区，特别是城中村、老旧城区、城乡结合部等空白区，应按照当地的地形地貌和水文条件，采取绿灰结合、管渠结合的方式控制雨水，在2025年前基本实现城镇建成区雨水排水系统覆盖率达到100%。

2. 稳步提高雨水管渠系统排水能力

对于雨水排水系统不满足现有标准的已建城区，城镇更新时应在统筹规划的基础上，结合易涝点整治、道路改造或城区整体更新改造逐步进行提标改造，按雨水管渠设计重现期标准提高排水管渠和泵站的排水能力，实现满足国家标准规定的雨水管渠设计重现期的城镇雨水排水系统的覆盖率达到100%。

3. 逐步恢复雨水排水管道正常运行条件

加强管道健康性检查、功能性维护和结构性修复，保障雨水管渠的排水能力。除淹没式自排系统的雨水管道，分流制雨水管道在旱天不得有污水，合流制管道在旱天时的水位应与设计工况相符。

4.2.2.3 充分发挥源头减排系统对雨水径流的控制作用

1. 增加源头调蓄空间，减小径流外排总量

对新开发、既有城镇更新改造项目要按照海绵城市建设规划确定的径流总量控制要求，通过源头减排设施，对雨水就地消纳、利用和控制。城镇新开发建设项目原则上实现年径流总量控制率不低于70%，且不高于开发前的要求。既有城镇更新改造项目因地制宜地提高年径流总量控制率，且不得对已有的排水系统增加排水负荷。

2. 控制雨水径流，缓解市政排水压力

源头减排系统应保证开发地块建成后，适应城镇排水防涝分区的自然水文特征，在雨水管渠设计重现期和内涝防治设计重现期条件下，径流峰值均不超过开发前，提高排水防涝设施的功能韧性，控制雨水径流，错峰排放，不因地块的开发建设而增加对已建成的市政雨水系统的压力。

4.2.2.4 提升排水防涝设施系统的运行维护管理水平

1. 全面实现城镇排水基础设施信息化

运用地理信息系统建立集设施资产管理、管网规划与分析、运营管理、信息共享于一体的数据库，实现地下排水设施可视化、建设运维数据可追溯。各地级以上及有条件的县级城市应在2025年前全面完成城镇排水基础设施地理信息系统（GIS）建设。

2. 完善常态化、标准化的日常养护管理制度

加强雨水排水设施的检查和维护，力争实现雨水口篦子无覆盖物、雨水管道（包括雨水口连管）积泥深度不大于管径1/8。加强源头减排设施的检查和维护，溢流口井底的积泥深度低于出水管管底50mm。

3. 建立应对突发事件和极端强降雨的排水防涝应急体系

建立城镇雨洪影响评价与内涝风险评价制度，实施风险管理。建立城镇排水防涝应急体系，根据城镇规模、城区类型、降雨特点、排水设施配置、保障级别、责任主体、响应时间等编制应急预案，加强易涝点监测、预警预报、应急调度、应急预案编制等工作，并按需配置相应的应急抢险装备和队伍。同时，加强常设机构与应急机构合作的协调性，提升城镇应对超强降雨的韧性。

4.3 路径与方法

4.3.1 加强规划引领，强化顶层设计

4.3.1.1 建立灰、绿、蓝结合的现代城市排水防涝体系

在城市规划建设中，适度为城市“留白”。最大限度保护山水林田湖草的基本生态格局，最大限度适应地形地貌、河湖水脉，对沿江沿河岸线留出一定的蓝绿融合的保护空间。同时，按照“源头减排、过程控制、系统治理”的海绵城市建设理念，构建以源头减排设施系统（即“微排水系统”，Micro Drainage System）、市政雨水排水系统（即“小排水系统”，Minor Drainage System）和应对极端降雨的排涝除险系统（即“大排水系统”，Major Drainage System）的现代城市排水防涝体系（3M System），并与城镇防洪系统、污水处理和合流制溢流污染控制等系统有机衔接。通过源头、过程、末端不同环节和尺度综合施策，实现对城镇雨水径流总量、峰值和污染等多重目标的控制。以年径流总量控制率作为规划设计控制指标，建设源头减排设施（微排水系统）应对低强度的中小降雨；以满足较为频繁的短历时强降雨事件的排水安全要求为规划设计控制指标，建设市政雨水排水系统（小排水系统）应对较大概率短历时强降雨；依据城镇内涝防治标准进行规划设计指标，建设满足城镇内涝防治设计重现期标准要求的排涝除险系统（大排水系统）应对极端降雨事件，为超出源头减排和排水管渠设施承载能力的雨水径流提供行泄通道和最终出路。

4.3.1.2 科学编制排水防涝规划

按照住房和城乡建设部《城市排水（雨水）防涝综合规划编制大纲》及《海绵城市专项规划编制办法（试行）》要求，科学编制排水防涝规划，处理好自然的地形地貌、河湖水脉与城镇的关系，充分尊重水的自然循环规律，合理划分排水分区，灰、绿、蓝、白，综合施策。

城镇空间规划应为雨水提供足够的空间和出路，因地制宜规划布置城镇雨水径流通道和调蓄空间，提出地表漫流路径及调蓄空间治理和保护要求；提出以绿色设施为主、灰色设施为辅的雨水源头减排规划管控要求，实现降雨径流就地控制和消纳。

加强蓝线、绿线与竖向高程规划管控。科学划定城镇蓝线、绿线，为洪涝安全行泄预留足够的开敞空间，强化城镇高程系统，控制市政排水管渠在竖向上与源头减排设施和排涝除险设施做好衔接，控制好不同系统间的溢流标高，充分发挥每个系统设施的排水功能。

4.3.1.3 加强相关专业规划的统筹协调

加强排水防涝规划与土地开发建设、道路交通、园林绿化、防洪等专业规划统筹协调，避免相关专业功能发挥与排水通畅发生冲突，提高城镇空间和设施的多功能利用，提高规划实施的经济性，增强规划的落地性。排水防涝规划也应与城镇污水处理与再生利用、供水与水资源利用、河湖水系等其他涉水规划统筹协调。

4.3.2 加快建立高标准的城镇排水防涝工程体系

4.3.2.1 统筹建立排涝除险（大排水）系统

城镇排涝除险系统的建立，应统筹发挥各类排水设施和开放空间对涝水的滞蓄、削峰缓排和强排相结合的作用，在市政雨水排水系统和泵站的基础上，充分利用公园、绿地、广场、运动场、城镇低洼区、沟渠、道路等城镇公共开放空间及水体，发挥其调蓄功能，建设排涝除险系统，确保内涝防治综合能力能有效应对超强降雨，保障城镇安全。

通过模型模拟对现有设施的排水能力和区域内涝风险评估分析，优先利用既有设施和开放空间，通过源头减排、局部调整竖向、优化排水分区和排水路径、过程调蓄、疏通排泄通道等措施有效提升排水防涝能力。

4.3.2.2 加快排水设施提标建设与改造

结合旧城改造、道路改扩建等有序推进排水设施新、改、扩工程建设。新建设施要严格按照排水防涝标准建设，不欠新账；老旧管网要因地制宜地逐步实施提标改造，尽快补齐短板。

加快制定现状管网提标工作计划。尽快开展现状管网普查，力争用5年的时间，全面完成对现状管网的健康检查，摸清管网现状与运行工况底数，并同步进行数字信息化建档、滚动更新持续完善。对于排水系统面积偏大，泵排输送距离过长的系统，可以在系统排水能力分析的基础上，对现状系统进行合理分割，分区提标。

4.3.2.3　以易涝点整治为突破口加快补齐短板

根据历史积水情况，逐一对易涝点的汇水范围和排水设施状况进行调查和评估分析，综合采取源头减排、雨水收集口改造与优化设计、管网清淤疏通、管网修复与改造、滞蓄调蓄、机排等蓄排结合的综合措施，彻底清除或缓解内涝风险。

对下穿立交道路的雨水口、横截沟的位置和数量进行优化，提升收排雨水的能力和速度；在下穿立交道路附近，结合地形，采取挡排结合、蓄排结合的方法，避免雨水大规模进入，同时减轻机排压力，综合提升排涝能力。

对于因竖向控制不利导致的雨水收集系统不合理的易涝路段，应结合道路纵坡、横坡和周边地块的标高，优化源头减排设施入口、溢流口、雨水口、横截沟等，有效收集雨水径流。对于排水能力不足的易涝路段或区域，在竖向调整和收集系统优化无法解决的情况下，适当增加泵排系统或临时排水措施。

4.3.2.4　结合老旧小区改造强化源头减排

要充分利用城镇旧城改造与老旧小区改造的契机，在补管网建设短板的同时，强化源头减排设施建设。要严格按照海绵城市建设的要求，采取建筑雨落管断接，将雨水有序地引入至植草沟、下凹绿地、生物滞留带（塘）、雨水花园等源头减排设施中，雨水在源头减排设施中经过渗、滞、蓄、净、用后，将多余的雨水通过源头减排设施的溢流排放口安全排放至市政雨水管网。通过源头减排设施对雨水的滞蓄作用，有效地削减雨水径流峰值和实现错峰排放，缓解排水管网的压力。源头减排设施的溢流排放口设置要严格按照径流控制率的设计指标要求控制溢排口的高程、其过流断面要保证在极端暴雨时小区不内涝、建筑不淹泡。鼓励各地通过法规和规划管控等行政手段将源头减排的要求作为宗地开发建设和改造，以及市政排水接管的前置条件。

4.3.2.5　加强工程质量控制和日常养护

加快淘汰落后管材和平口连接方式，积极推广采用连接效能好的优质排水管材和成品检查井。严格执行排水管网施工与工程质量验收规范，强化排水管道严密性检查和闭水试验，强化监理、验收和移交制度落实。加强并规范日常巡查和养护，及时清通管渠淤泥，确保设施排水能力有效发挥。加强通沟污泥的处理处置，实现减量化和资源化利用，避免管渠通沟污泥转运和处置过程中的二次污染。

4.3.3 加强内涝风险管理和应急体系建设

4.3.3.1 建立动态、规范化的内涝风险评估制度

建立内涝风险诊断与评估机制，编制城镇内涝（洪涝）风险图，提出应对举措以及风险管控办法，相关评估成果可作为城镇空间规划和排水防涝规划的编制依据。积极探索政府基本保障与商业保险相结合的洪涝灾害风险分担机制。

4.3.3.2 建立信息共享机制

加强对降雨统计、气象预报、降雨产汇流等重要水文特征和数据积累与信息共享。充分利用区块链技术和智慧城市数字信息平台，避免信息孤岛、挖掘大数据，提高信息识别精准度和利用的有效性，提高排水防涝的现代化管控水平和能力。

4.3.3.3 建立多部门协同的城镇排水防涝应急体系

强化城镇排水与气象、公安、交通、水利、园林等部门的统筹协调机制，共建数据感知体系与预警预报系统，及时交流信息。当接到气象水文部门的天气、水情、暴雨预报预警时，市政排水部门应密切监视汛情和涝水过程，及时研判可能带来的风险隐患，确定不同洪水风险和城市内涝风险的对应关系，根据不同的外洪水位启动城市内涝风险响应。对严重积水路段、积水区域开展预警预报信息发布服务，提升城镇和公众应对城镇内涝的韧性。同时，及时向上级部门反馈地方雨情、汛情和洪水发展态势，联合防汛、应急等有关部门，实施科学的调度方案，细化人员转移安置预案，落实各项防汛救灾措施。在日常工作中，也要加强多部门联合的应急预案编制以及应急装备和物资储备。

4.3.4 加强智能化管理提高城镇韧性

4.3.4.1 加强城镇排水设施信息化建设

加强城镇排水设施智慧管控平台建设。加强数据实时采集与传输，规划建设适度的信息监测网点，完善监测指标和采集频次，并将城镇排水设施信息化建设和动态更新嵌入到排水设施日常养护巡查制度中，实现对排水管渠、调蓄设施、闸阀、泵站和

污水厂等设施建设、运维信息的准确快速查询和检索功能。实现对城镇河道水位、重要排水管渠节点和设施的运行水位、城镇下穿立交道路、低洼点、历史易涝点等区域的道路积水等的监测。满足日常管理、运行调度、灾情预判、预警预报和辅助决策等需要，提高城镇排水防涝运行管理水平。

4.3.4.2　加强智能化排水业务应用

通过信息数据与模型软件对接，实现高精度气象预报数据、降雨与产汇流数据、排水设施运行数据的动态接入、甄别与集成应用，并进行实时在线模拟，预测各种雨情与水情、不同调度方案的排水防涝状况、方案优化和智能决策，根据模拟计算和优化方案，直观显示多种调度方案的实际效果。

4.3.4.3　加快计算模型和数字信息模拟工具的研发

研究建立涵盖源头减排、排水管渠、排涝除险，并与城镇防洪系统相衔接的排水防涝设施全过程的动态模拟算法。结合国情，研究开发具有自主知识产权的专用计算模型和数字信息模拟工具。

4.3.5　加强专业人才培养和继续教育

针对现代城镇雨洪管理理念和城镇水文知识体系的创新，以及知识更新速度快、学科复合程度高的业务特征，涉及城镇雨水系统内容的知识体系从深度和广度上亟需更新以满足行业的发展需求。应充分发挥高校、科研院所优势，尽快形成系统性强、工程指导性强的专业学科教育和人才培养体系。应充分发挥行业协会和专业培训机构的优势，加强在职专业人员继续教育，通过设置短期继续教育、专题培训、系统授课、实践项目研讨等多种途径，提升行业人才专业能力。

第5章　资源节约与循环利用

推进资源节约和循环利用是我国生态文明建设的重要内容，是解决环境污染与资源紧缺问题、降耗减碳并举，促进社会经济发展方式转型、推动经济高质量发展的重要措施。近年来，我国城镇水务行业在资源节约和循环利用方面中取得了显著的进步，但在面向2035年基本实现社会主义现代化的战略宏图，城镇水务行业更需要坚定地走绿色低碳的发展道路，遵循生态文明理念，统筹水资源环境综合承载力及社会经济发展需求，加大推进资源节约与循环利用力度，实现全过程集约高效，支撑美丽中国目标的实现。

5.1　城　镇　节　水

5.1.1　现状与需求

城镇节约用水是我国节水工作的重要组成部分。我国城镇节水管理工作大致经历了四个阶段：第一阶段是从中华人民共和国成立初期到20世纪50年代末，由于城镇供水设施不足，用水基本需求难以满足，大力开源是当时的首要任务；第二阶段是从20世纪60年代初到改革开放前，城镇节水的目的是“弥补开源和供水设施不足”，以开源为主，提倡节水；第三阶段是20世纪80年代，改革开放为国民经济发展带来活力，城镇缺水问题日益显现，基础设施短板与资源短缺并存，“开源与节流并重”的理念引导着城镇节水工作，1988年经国务院同意，原建设部出台《城市节约用水管理规定》（建设部令 第1号），城镇节水纳入法制轨道；第四阶段是20世纪90年代至今，伴随着城镇化快速发展，城镇水少、水脏的问题凸显，“开源、节流与治污并重”的城镇节水战略逐步形成。至此，我国城镇节水理念和管理已发生了深刻的转变。

专栏 17

近期国家在城镇节水方面出台的重要政策文件

文件名称	涉及城镇节水的主要内容
中华人民共和国水法 （2016年7月2日第十二届全国人民代表大会常务委员会第二十一次会议修订通过）	第八条　国家厉行节约用水，大力推行节约用水措施，推广节约用水新技术、新工艺，发展节水型工业、农业和服务业，建立节水型社会。 第四十七条　国家对用水实行总量控制和定额管理相结合的制度
习近平同志在中国共产党第十九次全国代表大会发表报告《决胜全面建成小康社会 夺取新时代中国特色社会主义伟大胜利》 （2017年10月18日，中国共产党第十九次全国代表大会）	提出“推进资源全面节约和循环利用，实施国家节水行动”，标志着节水成为国家意志和全民行动。 必须坚持节约优先、保护优先、自然恢复为主的方针，形成节约资源和保护环境的空间格局、产业结构、生产方式、生活方式，还自然以宁静、和谐、美丽
中华人民共和国循环经济促进法 （2018年10月26日第十三届全国人民代表大会常务委员会第六次会议修正，公布之日起实施）	第二十条　工业企业应当采用先进或者适用的节水技术、工艺和设备，制定并实施节水计划，加强节水管理，对生产用水进行全过程控制。工业企业应当加强用水计量管理，配备和使用合格的用水计量器具，建立水耗统计和用水状况分析制度。新建、改建、扩建建设项目，应当配套建设节水设施。节水设施应当与主体工程同时设计、同时施工、同时投产使用。国家鼓励和支持沿海地区进行海水淡化和海水直接利用，节约淡水资源。 第二十七条　国家鼓励和支持使用再生水。在有条件使用再生水的地区，限制或者禁止将自来水作为城市道路清扫、城市绿化和景观用水使用

续表

文件名称	涉及城镇节水的主要内容
水污染防治行动计划（水十条） （2015年2月中央政治局常务委员会会议通过，2015年4月2日成文，2015年4月16日发布，自起实施）	明确提出充分考虑水资源、水环境承载能力，以水定城、以水定地、以水定人、以水定产。并强调再生水利用与节约保护水资源。 促进再生水利用。以缺水及水污染严重地区城市为重点，完善再生水利用设施，工业生产、城市绿化、道路清扫、车辆冲洗、建筑施工以及生态景观等用水，要优先使用再生水等。并对京津冀与其他缺水地区的再生水利用率要求。 控制用水总量，实施最严格水资源管理，同时严控地下水超采，提高用水效率，抓好工业节水，加强城镇节水，发展农业节水，科学保护水资源。并推进循环发展，促进再生水利用，推动海水利用。 要求理顺价格税费，加快水价改革，完善收费标准，健全税收政策，依法落实环境保护、节能节水等方面的税收优惠政策
城市节约用水管理规定 （1988年12月20日中华人民共和国建设部令第01号发布，自1989年1月1日起生效）	对城市节水工作起到了长效的积极作用。 该规定加强了城市节约用水管理，保护和合理利用水资源，促进了国民经济和社会发展
节水型城市目标导则 （建设部、国家经济贸易委员会、国家计划委员会，建城〔1996〕593号）	首次就节水型城市的概念、节水型城市主要遵循的原则、城市节水基础管理及具体考核指标等做了规定，为开展创建节水型是供基本的指导依据。本导则规定了节水型城市的主要遵循原则与城市节水基础管理内容及具体考核指标
城市供水价格管理办法 （国家计委、建设部，计价格〔1998〕1810号）	标志着城市的水价管理走向了规范化、科学化的道路。大大规范了水价的改革工作，对全国不同地区的水价改革工作进行了统一规定和指导，大大增加水价改革力度与速度
关于进一步开展创建节水型城市活动的通知 （建设部、国家经济贸易委员会，建城〔2001〕63号）	首次制定节水型城市目标考核标准，并设立创建节水型城市考核工作程序和要求，节水型城市评选正式开始

续表

文件名称	涉及城镇节水的主要内容
中国节水技术政策大纲 （国家发展改革委、科技部会同水利部、建设部和农业部组织制订，2005年4月21日起施行）	重点阐明了我国节水技术选择原则、实施途径、发展方向、推动手段和鼓励政策。 按照“实用性”原则，从我国实际情况出发，根据节水技术的成熟程度、适用的自然条件、社会经济发展水平、成本和节水潜力，采用“研究”、“开发”、“推广”、“限制”、“淘汰”、“禁止”等措施指导节水技术的发展。重点强调对那些用水效率高、效益好、影响面大的先进适用节水技术的研发与推广。并为实现节水目标提供技术政策支撑
关于进一步加强城市节水工作的通知 （住房城乡建设部、国家发改委，建城〔2014〕114号）	明确节水、治水工作思路，推动城市节水工作。 充分践行节水优先、空间均衡、系统治理、两手发力的治水思路，充分利用城市规划、建设和市政公用管理及其服务平台，推动城市节水工作。 强调强化规划对节水的引领作用，严格落实节水“三同时”制度，加大力度控制供水管网漏损，大力推行低影响开发建设模式，加快污水再生利用，积极推广建筑中水利用，因地制宜推进海水淡化水利用，加强计划用水与定额管理，大力开展节水小区、单位、企业建设，切实加强组织领导
城镇节水工作指南 （住房城乡建设部，建城函〔2016〕251号）	为贯彻落实《国务院关于印发水污染防治行动计划的通知》、《国务院关于加强城市基础设施建设的意见》，全面推进城镇节水工作。 要求各地推进节水型城市建设，对照“水十条”确定的目标要求，参照《指南》，制定节水工作计划，明确尚未达到国家节水型城市标准城市的完成期限和责任人，加快推进。同时，加快城镇节水改造，制定城镇节水改造实施方案，尽快梳理节流工程、开源工程、循环循序利用工程等建设任务，建立项目储备库

续表

文件名称	涉及城镇节水的主要内容
国家节水行动方案（国家发展改革委、水利部，发改环资规〔2019〕695号）	提出到2020年、2022年、2035年的三个主要目标，并针对重点环节给出方案。 包括总量强度双控，农业节水增效，工业节水减排，城镇节水降损，重点地区节水开源，科技创新引领。并且提出深化体制机制改革，进行市场机制创新，加强保护措施

5.1.1.1　发展现状

1. 国家高度重视节水工作

进入新世纪，尤其是党的十八大以来，生态文明建设成为国策，节水工作的重要性更加凸显。习近平总书记高度重视节水工作，多次就治水节水发表重要讲话，明确提出了“节水优先、空间均衡、系统治理、两手发力”的治水方针（简称“节水优先”治水方针）和“以水定城、以水定地、以水定人、以水定产”（简称“四定原则”）的城镇节水新思路。2020年1月习近平总书记主持召开中央财经委员会第六次会议，再次强调应“坚持量水而行、节水为重，坚决抑制不合理用水需求，推动用水方式由粗放低效向节约集约转变”。住房和城乡建设部积极落实党和国家关于节水的方针政策，2016年会同国家发展和改革委员会印发了《城镇节水工作指南》，2018年会同国家发展和改革委员会修订了《国家节水型城市申报与考核办法》与《国家节水型城市考核标准》，每年组织开展城市节约用水宣传周活动，大力推进城镇节水工作。

2. 以创建国家节水型城市为载体，有力推动了城镇节水工作

自2001年住房和城乡建设部会同国家发展和改革委员会启动国家节水型城市创建活动以来，截至2019年，全国23个省、直辖市、自治区的100座城市获得了国家节水型城市称号，有力地推动了城镇节水工作。城市人均生活用水量从2000年的220L/(人·d) 降低到2018年的179.7L/(人·d)，相比之下，2018年我国城市用水人口增加了83.5%，人均日综合用水量和人均日居民家庭用水量（含公共用水）却分别下降了23.2%和13.2%；我国城市万元GDP用水量逐年下降，2018年为66.28m^3/万元。城市用水效率大幅提升，新增用水量得到有效控制。

专栏18

我国节水型城市建设情况

1. 2002-2019年国家节水型城市数量增长

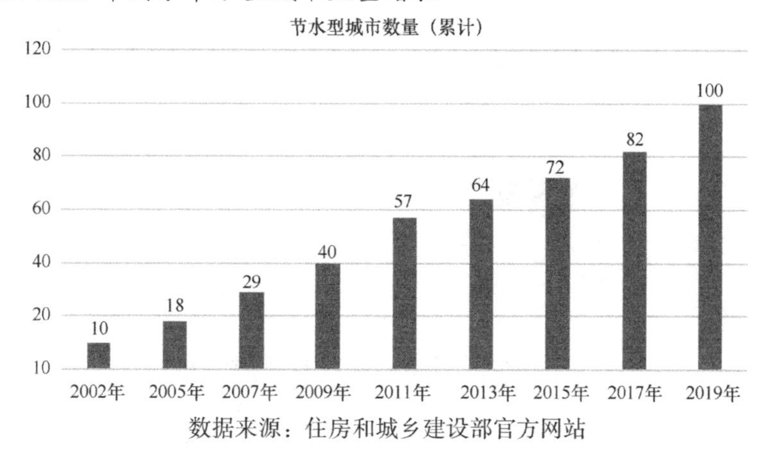

数据来源：住房和城乡建设部官方网站

2. 2002-2018年我国城市人均综合（含工业）与居民家庭人均用水量

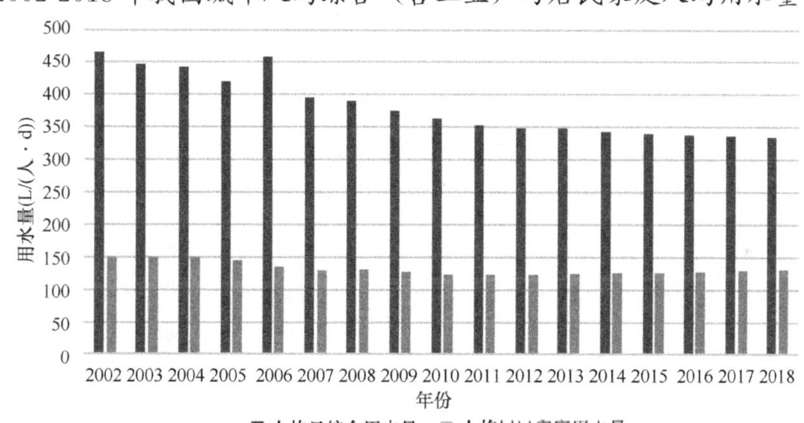

数据来源：2002-2018年《中国城市建设统计年鉴》

专栏19

我国水资源禀赋情况

根据联合国环境署对水资源禀赋程度的定义：人均水资源量在1700～2500m³/年为脆弱、1000～1700m³/年为紧张、500～1000m³/年为缺乏、低于500m³/年为极度匮乏。

我国人均水资源量约为2000m³，是世界平均水平的1/4。同时，具有地域、季节差异大的特点。统计了302座城市人均水资源量情况（其中，256座地级市，占总数的84.8%；46座县级市，占总数的15.2%），人均水资源量在500～1000m³的城市占总数的14%；人均水资源量在500m³以下的城市占总数的28%。

续表

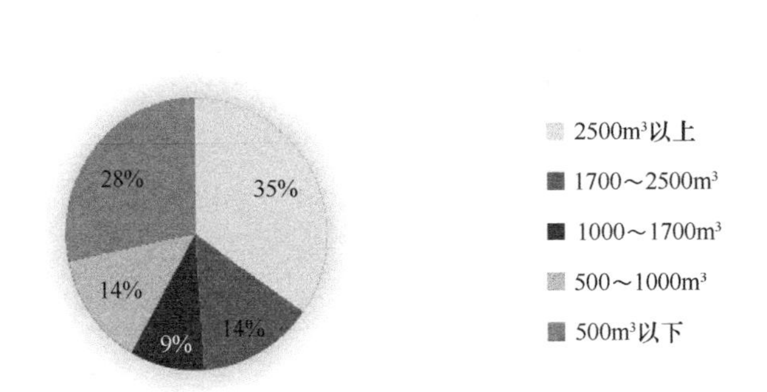

数据来源：各省份《水资源公报》(2017) 与各省统计年鉴 (2017)

我国302座城市人均水资源量分布

中华人民共和国成立以来，我国节水工作取得了很大进展，节水水平不断提高，但与世界发达国家相比，还存在较大差距。荷兰、法国的万元GDP用水量约为中国的1/5，澳大利亚、以色列、日本约为中国的1/3，美国约为中国的1/2。但法国、以色列、日本的人均GDP值却是中国的4倍，荷兰、澳大利亚、美国更是达到了中国的5～6倍。以色列、日本等国家在十几年前的用水效率就已经达到了很高的水平。

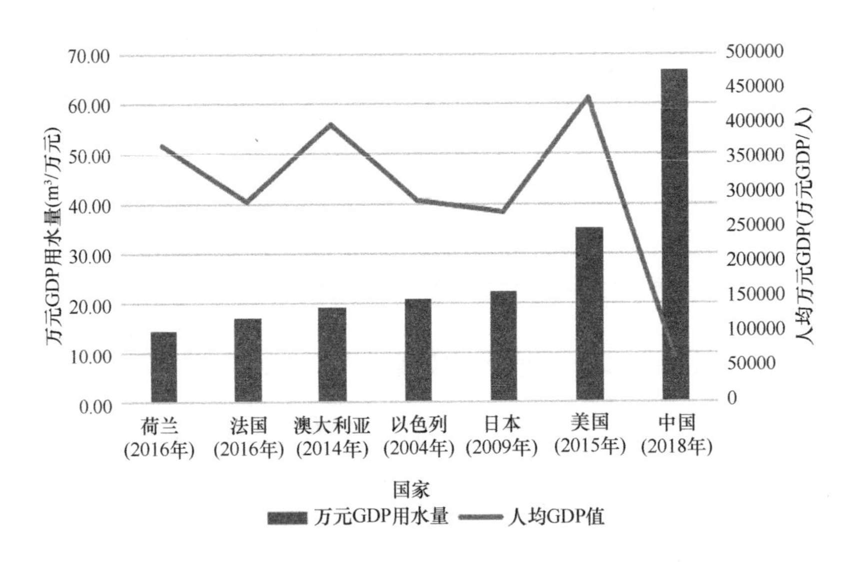

注：万元GDP用水量以全国为基础进行计算；GDP按人民币计

各国万元GDP用水量对比

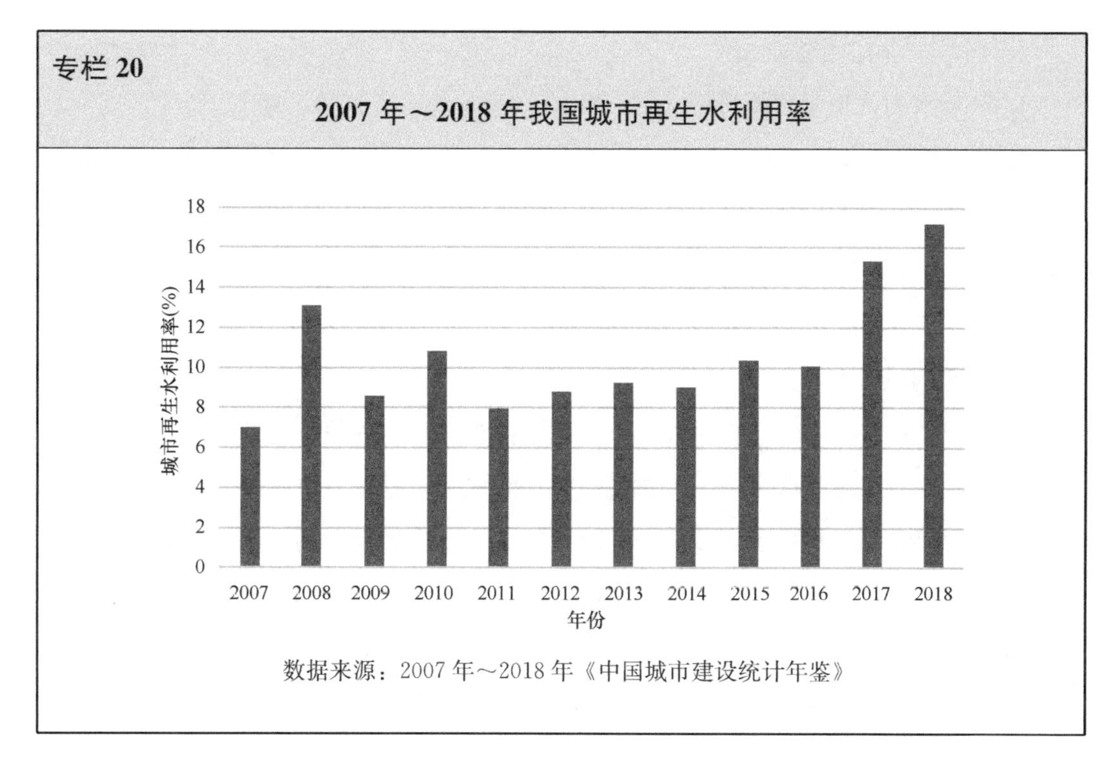

专栏 20

2007 年～2018 年我国城市再生水利用率

数据来源：2007 年～2018 年《中国城市建设统计年鉴》

3. 推广普及节水技术和产品提高了用水效率

陶瓷阀芯水龙头、感应式水龙头或便器、两档式坐便器、虹吸式坐便器、电磁式或感应式淋浴器以及变频供水装置、叠压供水装置、减压阀等节水器具和设备设施得到普及和推广应用；游泳池、集中生活热水供应系统广泛采用循环给水方式；DMA 分区管理技术的应用有力地推动了城镇供水管网漏损控制，降低了管网漏失率；城镇绿化的“大水漫灌”方式逐渐被微灌、喷灌等节水浇洒技术所取代；雨水、中水、再生水等水源替代技术在缺水城镇得到初步应用，城镇再生水利用率不断提高，建筑中水技术在部分地区得到应用。

4. 城镇节水技术标准体系初步形成

住房和城乡建设部组织制定并发布了《城市节水评价标准》GB/T 51083、《城市居民生活用水量标准》GB/T 50331、《民用建筑节水设计标准》GB 50555、《节水型生活用水器具》CJ/T 164、《建筑与小区雨水控制及利用工程技术规范》GB 50400、《建筑中水设计标准》GB 50336、《绿色建筑评价标准》GB/T 50378、《坐便器水效限定值及水效率等级》GB 25502、《淋浴器水效限定值及水效率等级》GB 28378、《城市污水再利用 城市杂用水水质》GB/T 18920、《城市污水再利用 景观环境杂用水水质》GB/T 18921 等一系列节水标准，有力地推动了城镇节水工作。

5.1.1.2 存在问题

1. 对节水的认识亟待提升

目前，节水工作的思路与“节水优先”治水方针、“四定原则”等新时代、新形势的要求尚有较大的差距，对“四定原则”的实质，即以水资源环境承载力作为社会经济发展的约束条件理解还不到位，更谈不上如何去落实，当前一方水土养“异”方人的做法还非常普遍。

2. 节水的系统性不强

城镇节水的系统性还不够深入，节水建设存在碎片化现象。长期以来，节水技术和产品主要关注末端器具，较少考虑器具节水对现有给排水系统的影响；控制管网漏损的同时，对供水厂的节水问题缺少关注；提出了非常规水源的利用，但未从系统的角度，深入探讨城镇供水与建筑中水、市政再生水及雨水利用等的关系；在再生水利用方面，用于城镇水体生态补水的水质安全性及其循环、循序利用途径还有待进一步拓展；建筑中水技术虽然有大量实践，但由于控制安全风险措施研究不够深入、配套措施不到位等问题，存在“建而不用”的实际情况等。节水技术、装备与现代信息技术的结合也较为滞后。

3. 节水的驱动机制不完善

水价是充分利用市场机制推动水资源合理配置和使用、驱动用户主动节水的重要手段。很多城镇虽然都已制定自来水、污水、再生水等价格，但并未充分考虑各类价格间的差异与彼此间正相关的激励作用。2013年国家发展和改革委员会、住房和城乡建设部出台《关于加快建立完善城镇居民用水阶梯价格制度的指导意见》，要求全面实行城镇居民阶梯水价制度，但许多城镇在实施过程中，由于阶梯用水定额制定不合理，而导致制度实施的效果不理想。

5.1.1.3 发展趋势

当前，我国正处在新的历史发展时期，生态文明建设思想指引着中国社会经济的发展，在“节水优先”治水方针和“四定原则”节水新思路指导下，以环境资源承载力作为社会经济发展的约束条件，将成为未来城镇节水发展的主要脉络。

节水作为国家战略，是2035年我国基本实现社会主义现代化的重要支撑，关系到我国城镇化的可持续发展。面对严峻的水资源短缺形势，党的十九大明确提出了实施国家节水行动的国家战略，贯彻“节水优先”治水方针，“坚持量水而行、节水为重，坚决抑制不合理用水需求，推动用水方式由粗放低效向节约集约转变”，落实新时代“四定原则”城镇节水思路，将是城镇节水工作的主旋律。必须改变城镇用水“以需定供”、无限制发展的传统思维和发展模式，尊重自然规律，将城镇用水的指导思想转化为以生态资源环境为约束条件，“以供定需”，使城镇发展回归到可持续发展的科学、理性的轨道上。必须将本地水资源禀赋条件以及国际上公认的水资源开发警戒线作为城镇水资源开发利用的约束条件，秉承中华先贤的古训“一方水土养一方人”的理念，通过科学规划、合理布局和适度控制城镇人口与社会经济发展规模，建立系统的水资源开发与集约利用、循环与循序利用的技术框架，以及相适应的工程、经济、政策与管理体系。

5.1.2　目标与任务

5.1.2.1　总体目标

遵循生态文明理念，走绿色低碳发展道路，通过探索形成以“四定”节水理念为核心的城镇节水管理和技术体系，使城镇节水工作迈上新台阶。

5.1.2.2　重点任务

1. 坚持以创建节水型城市为突破口，使城镇节水工作再上新台阶

从资源节约、环境友好发展战略的高度认识节水工作。落实“四定原则”的时代新要求，合理控制城镇人口与社会经济发展规模，使城镇社会经济发展与资源环境承载力相适应，实现城镇的良性运行和可持续发展。到 2035 年，水资源紧缺的城市（人均水资源量在 1000m^3/年以下）应全面达到国家节水型城市标准的要求，其中极度缺水城市（人均水资源量在 500m^3/年以下）应在 2025 年以前达到国家节水型城市标准的要求。

2. 严格控制水资源开发利用强度，进一步提高城镇用水效率

将本地水资源禀赋条件以及国际上公认的 40%水资源开发强度警戒线作为城镇水资源承载能力及开发利用的约束条件。水资源紧缺城市（人均水资源量在 1000m^3/年以下）的万元 GDP 用水量指标达到先进水平，2035 年用水强度控制在 25m^3/万元以内；极度缺水型城市（人均水资源量在 500m^3/年以下）的万元 GDP 用水量，力争在 2025 年用水强度控制在 25m^3/万元以内，2035 年要达到更高的水平。

3. 拓展再生水利用新路径，进一步提高再生水利用率

加大城镇污水资源化应用力度，探索包括再生水用于城镇河湖水体生态补水在内的循环与循序利用新途径，加大再生水用于城镇市政杂用水、工业用水的力度。到

2035年，水资源紧缺城市（人均水资源量在1000m^3/年以下）的再生水利用率达到60%以上，极度缺水型城市（人均水资源量在500m^3/年以下）的再生水利用率达到80%以上。

5.1.3 路径与方法

建立和健全城镇节水治理体系和治理能力，围绕“四定原则”形成科学的城镇节水技术体系、工程体系、管理体系、制度体系，使城镇节水工作紧跟时代的步伐和要求。

1. 规划引领，科学编制节水规划

在编制城镇规划时，要贯彻“节水优先”的治水方针，落实“四定原则”，坚持政府统筹、科学规划、因地制宜、建管并重的原则，将城镇供水、排水、污水处理与再生水利用与节水工作相统筹，在科学评估城镇水资源承载能力的基础，根据城镇水资源、供水、用水、排水、污水处理与再生利用、雨洪资源利用等条件与城镇社会经济发展水平、居民生活习惯等要素，按照有利于水循环、循序利用的原则，制定城镇综合节水规划，明确目标、任务、措施与保障机制等，切实推进各项节水工作措施落地。

2. 完善水价机制，引导合理用水行为

按照保障基本、满足适度、抑制浪费的原则建立居民生活用水定额及阶梯水价制度，引导用户合理用水。第一阶用水定额，属于基本用水量，应充分保障居民健康生活水准，一般为100～130升/(人·d)。第二阶用水定额，属于合理、适度消费用水量，可根据当地气候特征、水资源禀赋情况、居民生活习性等条件而定，其水价应为第一阶基本水价的1.5～2倍。超过第二阶用水定额的过度消费，应以遏制过度消费为目的，水价设置具有惩罚性质，可为基本水价的数倍。研究并建立自来水、污水、再生水等水价协调与激励相容机制，促进水资源循环与循序利用；继续抓好“节水三同时”管理、非居民计划用水与定额管理、超定额累进加价等制度的落实。

专栏21

国外鼓励居民节水的水价制定案例

案例1：美国供水协会（AWWA）推介的美国经验：制定统一的用水定额，但水价分为多级，即用水量低于用水定额70%的部分实行半价，用水量高于用水定额1.2倍的部分进行分级加价，这种做法有利于对低收入群体实施优惠政策，同时也鼓励节水行为。

续表

案例2：在西班牙的萨拉戈萨和马德里，如果当年用水量显著低于上一年度，可以享受低至10％的水费折扣；在塞维利亚，如果家庭的人均月用水量低于3m³/月，则享受第一阶梯水价26％的折扣。

案例3：在美国洛杉矶市的兰卡斯特区，其水费结构为两部制与季节性水价相结合，包括每月每户23.356美元的固定用水服务费与季节性阶梯水价，其中阶梯部分的水价包含节水、正常和过量三个等级。

兰卡斯特区部分居民阶梯水价情况

状态	夏季水量（CCF/(户·月)）	冬季水量（CCF/(户·月)）	价格（美元/CCF）
节水	5～20	5～15	1.281
正常	21～65	16～30	1.494
过量	＞65	＞30	2.135

注：1CCF＝100立方英尺，大约为2.83立方米。

账单1——低效用户（20CCFs）				
服务日期		抄表		用水量
7/10/20-8/09/20		1255-1275		20CCF
第1级	基本用水	5	$1.54	$7.70
第2级	正常用水	7	$2.12	$14.84
第3级	过量用水	4	$4.91	$19.64
第4级	浪费用水	4	$13.65	$54.60
用水服务费				$10.40
排污服务费				$23.70
总水费和排污费				$130.88

账单2——高效用户（12CCFs）				
服务日期		抄表		用水量
7/10/20-8/09/20		1255-1267		12CCF
第1级	基本用水	5	$1.54	$7.70
第2级	正常用水	7	$2.12	$14.84
第3级	过量用水	0	$0.00	$0.00
第4级	浪费用水	0	$0.00	$0.00
用水服务费				$10.40
排污服务费				$23.70
总水费和排污费				$56.64

注：1CCF＝100立方英尺，大约为2.83立方米。

美国家庭用水阶梯水价账单

3. 大力推进节水型城市建设，全面落实“四定原则”

持续以节水型城市创建为载体，贯彻和提升城镇节水理念，在“四定原则”指导下，健全各项规章制度，强化规划引领作用，建立系统的水资源开发与集约利用、循环与循序利用等全过程的城镇节水体系。

（1）提高水资源利用效率

科学构建城镇健康水循环系统，因地制宜地在不同尺度、不同层面分类推进优水优用、循序利用、循环利用等系统；开展城镇供水厂自用水节水与安全回用；积极拓展非常规水资源利用，加大污水再生利用、雨水利用，缺水及水污染严重地区，要结合城镇产业结构布局、黑臭水体整治及水生态修复工作的需要，合理规划布局和建设污水再生利用设施，沿海城市可积极探索海水利用途径。

（2）推广节水新技术、新装备、新工艺

通过节水型居民小区、节水型企业、节水型公共机构、节水型校园等创建工作，普及应用节水型卫生器具；不断提高用水效率和节水水平。结合海绵城市建设，因地制宜地实施建筑小区雨水利用。

（3）降低管网输配与使用环节的漏失

大力推广DMA分区计量技术，有效降低供水管网漏失率；结合老旧小区改造，有计划的同步实施小区管网漏损排查与改造，提高装表率，到2035年实现居民家庭生活用水计量装表率达100％；对于公共机构和工业企业用水大户，通过水平衡测试充分挖掘节水潜力，卡住“跑冒滴漏”。

（4）机制创新

进一步推进节水统计制度，完善节水激励政策与机制；推行合同节水管理模式，采用政府和社会资本合作模式，以分享节水效益为基础，推动社会资本参与城镇节水。

（5）建立和完善节水技术和管理标准体系

让节水技术标准深入到工程中，让节水管理落地，上有法规保障，中有标准可依，下有机构落实。

（6）加强宣传，树立绿色节水理念

通过国家城市节水宣传周（每年五月的第二周）活动，加大节水宣传力度，树立绿色节水理念并不断深入人心，倡导简约、适度消费模式，使爱水、护水、节水成为全社会的良好风尚和自觉行动。

5.2 节能降耗

国家高度重视节能降耗工作。十九大报告提出“必须坚持节约优先、保护优先、自然恢复为主的方针，形成节约资源和保护环境的空间格局、产业结构、生产方式、生活方式，还自然以宁静、和谐、美丽”。坚持节约资源和保护环境已成为我国基本国策，“十一五”“十二五”和“十三五”国民经济和社会发展五年规划纲要要求，均提出将单位GDP能耗指标作为约束性指标。《中共中央关于制定国民经济和社会发展第十四个五年规划和二〇三五年远景目标的建议》明确指出，广泛形成绿色生产生活方式，碳排放达峰后稳中有降。城镇水务行业在节能降耗的同时，要加快推动绿色低碳能源利用，为我国实现碳减排、碳达峰、碳中和的战略目标做出应有的贡献。

5.2.1 城镇供水系统的节能降耗

城镇供水系统也是城镇用能大户，根据《中华人民共和国节约能源法》规定，大型供水企业须每年依法向政府部门呈交本企业能源利用和温室气体排放状况报告，城镇供水系统已经成为降低碳排放量的重点行业，承担着国家节能减排和实现碳达峰、碳中和目标的任务。依据住房和城乡建设部《城乡建设统计年鉴》，2017年全国城市供水量593.76亿立方米计算，城市供水单位电耗为260kW·h/km^3，全国城市供水系统总用电量达154.32亿kW·h，占全社会用电量近0.24%。降低供水系统能耗即是节能、也是供水企业提高内在经济效益的重要途径。

5.2.1.1 现状与需求

1. 发展现状

技术进步推动了城镇供水节能降耗。合理利用地形地势规划设计供水系统，推广应用变频调速技术和设备、高效药剂和精准投加，基于物联网技术的城镇供水优化调度，以及模型、大数据分析等技术在、供水系统运行与调度、供水泵站节能降耗等方面广泛应用，推行独立计量区域分区管理DMA（District Metering Area），有效识别和控制了管网漏损，降低了供水系统能耗、物耗和管网漏损。根据《城市供水统计年鉴》，全国平均供水单位电耗从2005年的328.19kW·h/km^{3}降低到2017年的260kW·h/km^3。2018年，我国供水管网平均漏损率为12.5%，相比2017年的14.6%和“水十条”提出之前的15.4%有明显的降低，全国649个城市有352个漏损率达到“水十条”的要求，达标率为54%，节能降耗和水资源高效利用水平有了很大提升。

2. 存在问题

（1）机泵运行总体效率水平不高

水泵输配耗电占供水系统总耗电量的80%以上。根据2017城市供水统计年鉴数据，机泵综合运行效率在50%～75%，整体效率相比发达国家（一般在90%以上）差距巨大。其原因，一方面是泵站运行调度仍以传统人工经验为主，缺乏精准的优化调度技术和供水智慧化运行平台，机泵运行工况不够合理，变频调速不够优化，导致系统运行时无效能耗多；另一方面是由于设备本身陈旧老化。

（2）供水管网与二次加压布局缺乏统筹

快速城镇化进程中，随着城镇建设用地与人口发展密度的矛盾加剧，高层建筑的不断增加，供水管网二次加压能耗在供水中的占比也逐年上升。二次加压系统的优化布局、运行管理对于供水系统的安全运行、整体节能和漏损控制越发重要。由于缺乏对供水管网结构及二次加压设施布局的优化与影响性分析，导致二次加压泵站大多无法形成与市政管网的协同调度运行，难以达到削峰填谷、系统节能降耗的目标。

（3）净水药剂和消毒剂消耗过大

尽管随着信息化技术的发展，水厂自动化水平不断进步，但在净水药剂精准投加、加氯量优化等工艺过程参数控制方面仍有较大提升空间，尤其在技术力量不足的城镇小水厂，加药等工艺过程控制仍比较粗放，导致较大药耗的同时更带来消毒副产物等水质风险。根据2017年《城市供水统计年鉴》统计数据换算，混（助）凝剂投加浓度为19.26mg/L，消毒剂平均投加浓度高达6.24mg/L，均存在较大的减量空间。除了药剂消耗外，目前在水厂反冲洗水、排泥水等资源回用与环境保护环节，也缺少可供行业借鉴推广的做法和优秀案例。

3. 发展趋势

城镇供水系统节能降耗既是供水企业长期追求的目标，也是城镇绿色发展的重要组成部分。进一步推进资源节约和循环利用，不断挖掘城镇供水系统可持续发展潜力，是城镇供水系统长期努力的方向。

5.2.1.2　目标与任务

1. 总体目标

以供水系统精细化管理为切入点，推动新技术、新工艺的应用和整体系统的优化，全面降低系统的能源和物料消耗，构建供水系统全流程节能运行新模式。

2. 重点任务

提高水处理药剂利用效率，推广绿色净水处理工艺，提高水处理药剂有效使用率（理论投加量/实际投加量）至85%以上。研究开发推广净水效率高、少药剂或免药剂的绿色给水处理工艺，减少化学药剂的消耗以及水中消毒副产物的生成。

推进供水系统节能改造与全流程节能运行。借助大数据、在线水力水质模型、人工智能技术等构建供水智慧化运行系统。在机泵更新改造提升效率的基础上，通过准确的水量预测和高效的水泵组合运行控制，实现从原水输送到净化、输配、二次加压的全系统协同节能优化运行，提升供水生产和输配过程机泵效率，最大程度降低供水能耗，到2035年，输配水千吨水每米扬程的单位能耗（$kW \cdot h/(km^3 \cdot bar)$）在2020年能耗基础上下降10%以上。

大力推进水厂排泥废水回收再利用，水厂自用水率不高于3%。

5.2.1.3 路径与方法

1. 开展水厂节能降耗工艺改造

在能耗结构评估的基础上，对原水提升以及输配泵房的老旧及效率低下的设备机组进行更新改造，提升运行效率。针对制水工艺流程，基于实时监测和生产大数据合理确定滤池反冲洗强度，优化反冲洗水泵/风机工作模式，降低工艺运行性能耗；选用适合原水水质特征的预氧化剂、混凝剂、助凝剂、消毒剂等药剂，开展智能化运行工艺技术改造，实现药剂精准投加。尽可能地充分利用水厂空间条件，利用太阳能等绿色能源，减少水厂生产工艺中化石能源的消耗，构建水厂低碳运行模式。

2. 推进管网及二次加压设施的更新改造与优化运行

通过管网设施更新改造与二次加压设施等布局调整，优化管网分区压力分配，打通造成管网高耗能的结构性瓶颈，因地制宜探索构建最优的供水布局及管网结构。针对二次加压节能降耗，一方面应根据用水量变化和用户末端压力需求，开展二次加压机泵设备的更新改造与优化运行调控，保持水泵运行在高效区间；另一方面，结合市政供水管网，开展市政管网与二次加压设施的多级协同运行优化，合理利用水箱等设施的调蓄能力进行水厂供水的削峰填谷，降低系统整体运行能耗。

3. 推进供水厂排泥水回用

因地制宜推行水厂排泥水回收。根据水厂进出水水质合理确定反应沉淀池和滤池的排泥以及反冲洗周期，减少生产废水量。充分评估论证排泥水回用水质的化学安全性、生物安全性，在保证安全前提下，因地制宜推进排泥水回用；对于既有水厂，通过技术改造增加排泥水回收和处置设施；对于新建水厂，排泥水处理设施与水厂同时设计、同时建设、同时使用。排泥水回收处理应因地制宜选择合适的净化工艺，污泥应根据污泥处置出路，采用科学合理的浓缩脱水方法及高效节能的设备。

4. 借助智慧水务，提升节能降耗水平

针对多水源、多泵站、多二次加压的供水系统特点实施智慧化调度，通过管网水力模型应用、水泵智能组合、电机智能调频、高效电机推广使用等手段，结合管网系统运行情况、用户用水规律、二次加压设施布局等大数据分析，科学预测水量、水压变化和分布情况，确定系统运行可靠、高效节能的调度措施。

5.2.2 城镇排水系统的节能降耗

近年来，我国城镇化发展水平逐步提升，排水设施发展迅猛，城镇污水处理规模不断增加。根据《中国城乡建设统计年鉴》，截至2018年底，全国城镇（设市城市、县城）污水日处理能力为2.04亿立方米/日，年处理污水量达576亿立方米，为保障国家污水减排目标实现和水环境改善发挥了重要作用。城镇排水收集处理系统既是污染物减排重要物质基础，也是耗能大户，其消耗的能源和资源主要包括电能、外加碳源和除磷药剂等，因此城镇排水系统应从减少电耗、外加碳源和药剂入手，践行节能降耗和资源化利用，同时积极开发利用新的能源，为实现国家碳达峰和碳中和目标做出排水行业的贡献。

5.2.2.1 现状与需求

1. 发展现状

城镇排水节能降耗技术得到广泛应用。在污水处理方面，近几年对污水处理厂出水水质要求越来越高，污水处理厂能耗不断升高，根据住房和城乡建设部全国城镇污水处理管理信息系统数据，2009年到2018年污水处理厂吨水电耗从0.23kW·h/m^{3}上升到了0.31kW·h/m^3，节能降耗成为污水处理厂当前的工作重点。积极探索与实践节能降耗为目标的污水处理工艺升级改造和智能控制，基于模型模拟工艺参数和自动化的精准控制技术已成为保证污水处理厂出水水质稳定达标、降低污水处理能耗物耗的重要技术支撑。

城镇排水节能降耗新技术、新工艺不断涌现。随着对污水处理工艺的深入研究，以基于短程硝化的污水脱氮技术、主流/侧流厌氧氨氧化技术、好氧颗粒污泥技术等为代表的、节能降耗的新型污水处理技术，陆续取得了研究上的突破，逐渐在工程中的推广应用，取得了良好的节能降耗效果。

2. 存在问题

城镇污水处理厂进水负荷变化大，能耗高。我国多数中小型城镇污水处理厂存在配套管网建设不健全的问题。旱天大量地下水、河水渗入管道，雨季大量雨水涌入管网，使污水厂进水水质、水量产生大幅波动，污水中含砂量高、污泥产生量大。进水负荷频繁波动和进水含砂量高导致污水处理工艺难以稳定维持在设计工况下稳定运行，不仅降低效率、增加能耗，还影响处理效果。同时，一定比例的工业废水进入市政排水管网，更加大了处理与运行控制难度。

污水处理厂进水BOD浓度低，导致单位污染物去除的药耗偏高。由于管网建设不配套、管理不到位，管网断接、错接、混接等问题严重，污水得不到有效收集，同时存在地下水入渗等问题。我国68%以上污水处理厂进水年均BOD浓度小于100mg/L，全国平均旱天BOD浓度仅为106mg/L，雨季在80～90mg/L之间，远低于德国、美国、荷兰、新加坡、日本等发达国家170～290mg/L的水平。这导致水厂进水碳氮比较低，不利于脱氮除磷的碳源供给，水厂外加碳源和除磷药剂投加量偏高。

评价指标导向存在偏差。我国普遍以吨水耗电量为评估指标，且污水处理收费也是按水量为单位进行收取，以吨水电耗为能耗评估指标有较大的缺陷，一方面各污水厂进水水质水量有较大差异，出水标准也不尽相同，吨水电耗无法准确反映对污染物削减的有效电耗；另一方面，评价导向导致重量轻质，产生负面影响，一些企业为了追求自身经济利益，甚至弄虚作假、有意造成“稀汤寡水”，以博取企业利益最大化。

评价体系和激励机制缺位。目前我国一些城镇污水处理厂仍处于“粗放式管理”阶段。一是管理目标单一，大部分污水处理厂更专注于出水水质达标，对于节能降耗关注不足；二是管理手段落后，节能降耗监管能力建设相对滞后，针对有利于水厂运行节能降耗的激励政策不健全，缺乏市场化节能降耗的有效激励措施。

3. 发展趋势

我国专家在国际上首次提出了“未来概念污水厂”的理念，得到了国内外同行的认可，其核心就是未来污水处理厂要实现资源循环利用的转变。随着城镇排水与污水处理设施建设的全面覆盖，在保障污水收集与处理效率、出水水质达标的前提下，排水与污水处理系统的节能降耗将逐步提上日程。建立以污染物总量削减运行成本为核心的节能降耗科学评价指标体系；推进“厂网河湖”一体化运营管理，推广精准控制系统和污水处理新工艺新设备的工程应用；完善基于清洁生产理念的节能降耗制度体系、技术标准和激励政策，将成为我国全面提升城镇排水系统节能降耗水平的关键。

5.2.2.2 目标与任务

1. 总体目标

加强清洁生产和节能管理，探索新能源和常规能源的协同利用，提升能源利用效率、降低传统能源的使用，力争做到城镇排水系统的用能与产能自平衡。

2. 重点任务

有效推进城镇污水处理系统节能降耗。以2020年为基础水平，城镇污水处理厂污染物削减单位电耗降低30%、削减单位总氮的碳耗降低30%以上、削减单位总磷的药耗降低20%以上。

5.2.2.3 路径与方法

积极探索效能评估、问题诊断、运行优化、革新改造、政策激励等系统的节能降耗模式。强化能耗和物耗总量控制、材料设备选型，实施标杆与目标指标管理；编制清洁绿色生产考核体系，充分利用厂区空间和区位条件，实施太阳能光热、光电、风能发电、热泵等绿色可再生能源利用，推动可再生能源在污水处理厂中与常规能源的协同使用，力争做到处理厂的用能与产能自平衡。

1. 科学推进节能降耗

基于单位污染物电耗、处理单元电耗、设备运行效率等指标，克服吨水电耗（$kW \cdot h/m^3$）指标的局限性，以污染物总量削减和曝气量在线控制为核心，科学推进用电方面的节能降耗；以外加碳源、化学除磷药剂的在线控制为重点，科学有序降低污水处理系统药剂消耗。

2. 推进“厂网河湖”一体化运营管理，实施智慧化调度

积极推进“厂网河湖”一体化联合调度的运行模式。一是，完善排水管网系统，通过污水收集与处理、受纳水体为汇水流域的联合调度，有效解决区域内污水厂来水负荷不均衡、效率低下和污水厂大修等问题。二是，充分利用排水管网和水厂初沉池的内部空间，均衡进厂污水流量、调整水厂负荷变化，使污水处理厂高效、稳定运行。三是，根据受纳水体的功能、环境容量和自净能力，确定污水厂污染物排放标准和总量。

通过推广在线仪表、控制和自动化（ICA）技术在污水处理领域的应用，优化污水处理厂的运行管理。一是针对曝气、碳源投加、除磷药剂投加等关键工艺单元，实施智能化精准控制；在现有污水厂容积负荷下充分提高系统的脱氮除磷效率，提高出水水质稳定性，降低系统运行能耗物耗；二是通过模型模拟与情景仿真等数据信息技术，充分挖掘设施系统潜力，实施污水收集、处理与河流/湖泊等受纳水体的集成数学模拟优化和联合调度，提高系统整体效能和应对极端情况的韧性处置能力。

3. 积极推广节能降耗新工艺新技术的应用

推广使用具有节约土地、能耗与药耗等良好效果的新工艺、新技术。加大新技术新工艺的研究和工程应用。系统解决碳源无效损耗问题，提高碳源利用效率；高度重视和强化污水的预处理，加大初沉及剩余污泥水解发酵工艺技术开发力度，合理控制水解发酵液碳氮磷比例，发掘污泥内碳源并改善内碳源质量；因地制宜地推广应用厌氧氨氧化、反硝化除磷、同步硝化反硝化、短程反硝化等新型除磷脱氮工艺技术，提高碳源利用效率。

4. 推动合同能源管理模式

落实清洁生产理念和相关政策，鼓励以承诺节能降耗效益、承包整体能源费用等合同能源管理模式，积极推进技术性节能降耗专业服务。鼓励水厂以节能降耗为目标，升级改造水厂现有工艺和设备，降低水厂运行成本。

5.3　污泥资源回收与利用

随着城镇污水处理量的逐年增长，污泥量也急剧增加。根据住房和城乡建设部《中国城乡建设统计年鉴》，截至2018年，我国设市城市污水处理厂污泥产量巨大，干污泥产生量为1353万吨，其中地级以上城市、县级城市污水处理厂干污泥产生量分别为1176万吨、177万吨。与此同时，城镇污泥产生量仍呈逐年上升趋势，年增长率为5%～8%，污泥处理处置形势十分严峻。

近年来，我国在污泥稳定化处理处置、资源回收与利用方面取得了长足的进步。但在围绕污泥有效资源回收与利用整体系统中的新技术开发、装备应用、系统集成、产业链畅通及政策标准等方面还有待加快发展脚步。

专栏22

污水处理过程中COD、N、P等的物料平衡关系

污水处理中大约55% COD、30%～45% N以及85%～95% P进入污泥，若不妥善稳定化处理处置，必将带来严重的二次污染风险。发达国家污泥出厂前必须实现100%稳定化处理，其中约50%采用厌氧消化进行稳定化处理。针对大型污水处理厂，发达国家通常采用厌氧消化等稳定化技术进行能源和资源回收，回收能源用于供给污水处理厂能耗。小型污水处理厂则采用好氧稳定，以及土地利用最终处置方式。

续表

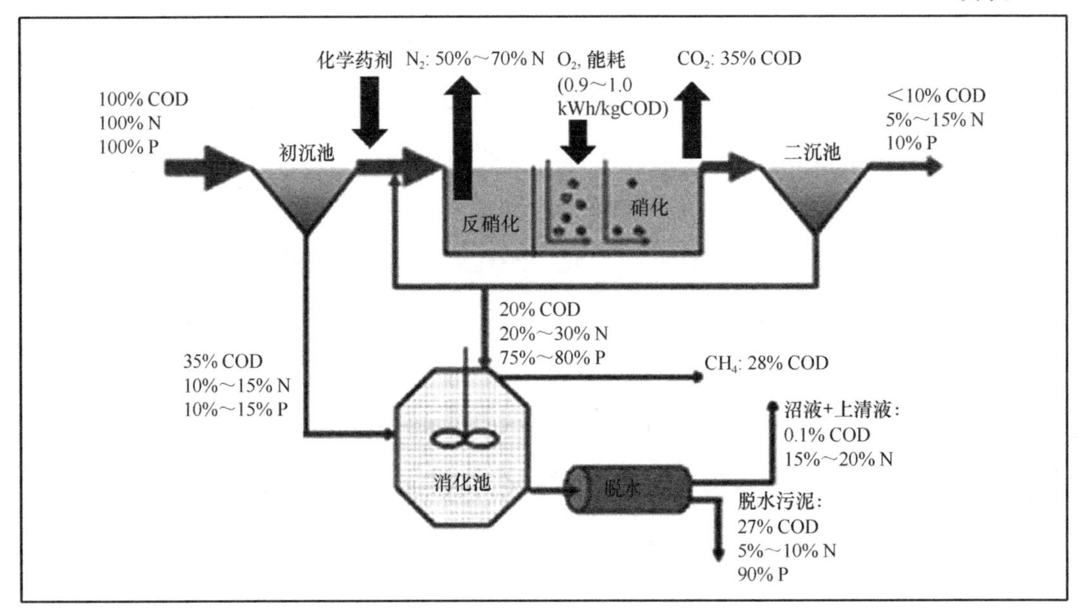

5.3.1 现状与需求

5.3.1.1 发展现状

1. 相关政策法规与标准体系初步形成

近30年，尤其是最近10年，我国制定了一系列污泥处理处置及资源化方面的法律法规、技术标准和指南，对指导我国污泥处理处置工作发挥了重要作用。

2009年2月住房和城乡建设部、原环境保护部、科学技术部联合发布《城市污水处理厂污水污泥处理处置及污染防治技术政策》（建城〔2009〕23号），明确了污泥处理处置技术发展方向和原则；2010年2月原环境保护部发布《城镇污水处理厂污泥处理处置及污染防治最佳可行技术指南（试行）》，对污泥处理处置的最佳可行技术进行了推荐；2010年11月原环境保护部发布《关于加强城镇污水处理厂污泥污染防治工作的通知》（环办〔2010〕157号），要求各级地方政府加快污泥处理设施建设；2011年3月住房和城乡建设部、发展和改革委员会联合发布《城镇污水处理厂污泥处理处置技术指南（试行）》（建科〔2011〕34号），从污泥处理处置技术路线选择、污泥处置方式及相关技术、应急处置与风险管理等方面进行了要求。2013年，国务院印发《城镇排水与污水处理条例》（国务院令 第641号），明确规定“城镇污水处理设施维护运营单位或者污泥处理处置单位应当安全处理处置污泥”；2015年4月国务院发布《水污染防治行动计划》（国发〔2015〕17号），提出了地级以上城市污泥无害化处理处置目标。国家与相关部门密集出台的污泥处理处置技术与管理政策，对推动我国污泥行业发展起到了一定的积极作用，使之有法可依、有章可循。

同时，涉及污泥处理处置的国家标准、行业标准、地方标准、协会团体标准、企业标准共计130余项，包括《农用污泥污染物控制标准》GB 4284－2018、《城镇污水处理厂污泥泥质》GB 24188－2009、《城镇污水处理厂污泥处置　分类》GB/T 23484－2009、《城镇污水处理厂污泥处置　园林绿化用泥质》GB/T 23486－2009、《城镇污水处理厂污泥处置　混合填埋用泥质》GB/T 23485－2009等，规定了污泥最终处置的泥质要求；《城镇污水处理厂污泥处理技术规程》CJJ 131－2009规定了污泥处理的设计、施工和运行要求；《城镇污水处理厂污泥处理　稳定标准》CJ/T 510－2017提出了衡量污泥处理产物稳定的指标体系和评价标准，对于提升污泥处理行业的技术与监管水平具有重要意义。

专栏23

近来国家出台关于污泥资源回收与利用方面的重要政策文件

文件名称	涉及污泥资源回收与利用的主要内容
中华人民共和国循环经济促进法（由中华人民共和国第十一届全国人民代表大会常务委员会第四次会议于2008年8月29日通过，自2009年1月1日起施行）	第四十一条　县级以上人民政府应当支持企业建设污泥资源化利用和处置设施，提高污泥综合利用水平，防止产生再次污染
环境保护法（2014年4月24日，十二届全国人大常委会第八次会议表决通过了《环保法修订案》，新法已经于2015年1月1日施行）	对污泥处置工作的规定也更加完善、严格，对非法排污企业加大惩罚力度。许多企业开始进行污泥处置工作，或者升级原有的污泥处理设施，让污泥处理更趋于减量化、无害化、稳定化、资源化

续表

文件名称	涉及污泥资源回收与利用的主要内容
水污染防治法（中华人民共和国第十二届全国人民代表大会常务委员会第二十八次会议于2017年6月27日通过修改，自2018年1月1日起施行）	第五十一条　城镇污水集中处理设施的运营单位或者污泥处理处置单位应当安全处理处置污泥，保证处理处置后的污泥符合国家标准，并对污泥的去向等进行记录。 第八十八条　城镇污水集中处理设施的运营单位或者污泥处理处置单位，处理处置后的污泥不符合国家标准，或者对污泥去向等未进行记录的，由城镇排水主管部门责令限期采取治理措施，给予警告；造成严重后果的，处十万元以上二十万元以下的罚款；逾期不采取治理措施的，城镇排水主管部门可以指定有治理能力的单位代为治理，所需费用由违法者承担
土壤污染防治法（2018年8月31日，十三届全国人大常委会第五次会议通过了土壤污染防治法，自2019年1月1日起施行）	第二十八条　禁止向农用地排放重金属或者其他有毒有害物质含量超标的污水、污泥，以及可能造成土壤污染的清淤底泥、尾矿、矿渣等。 第八十七条　违反本法规定，向农用地排放重金属或者其他有毒有害物质含量超标的污水、污泥，以及可能造成土壤污染的清淤底泥、尾矿、矿渣等的，由地方人民政府生态环境主管部门责令改正，处十万元以上五十万元以下的罚款；情节严重的，处五十万元以上二百万元以下的罚款，并可以将案件移送公安机关，对直接负责的主管人员和其他直接责任人员处五日以上十五日以下的拘留；有违法所得的，没收违法所得
固体废物污染防治法（2020年4月29日，由中华人民共和国第十三届全国人民代表大会常务委员会第十七次会议修订通过，自2020年9月1日起施行）	第七十一条　城镇污水处理设施维护运营单位或者污泥处理单位应当安全处理污泥，保证处理后的污泥符合国家有关标准，对污泥的流向、用途、用量等进行跟踪、记录，并报告城镇排水主管部门、生态环境主管部门。县级以上人民政府城镇排水主管部门应当将污泥处理设施纳入城镇排水与污水处理规划，推动同步建设污泥处理设施与污水处理设施，鼓励协同处理，污水处理费征收标准和补偿范围应当覆盖污泥处理成本和污水处理设施正常运营成本。 第七十二条　禁止擅自倾倒、堆放、丢弃、遗撒城镇污水处理设施产生的污泥和处理后的污泥。禁止重金属或者其他有毒有害物质含量超标的污泥进入农用地

续表

文件名称	涉及污泥资源回收与利用的主要内容
国家新型城镇化规划（2014～2020年）（2014年，中共中央、国务院印发）	加强城镇污水处理及再生利用设施建设，推进雨污分流改造和污泥无害化处置
国家环境保护“十一五”规划（2007年11月2日，国务院下发了《关于印发国家环境保护“十一五”规划的通知》（国发〔2007〕37号））	明确要切实重视污水处理厂的污泥处置，实现污泥稳定化、无害化。强化直接排海工业点源控制和管理，确保稳定达标排放，强化对污泥和垃圾渗滤液的处置，防止产生二次污染，继续在沿海地区深入开展禁磷工作。对于城市污水处理工程，规定要配套污泥安全处置和再生水利用。另外，本规划还明确规定“污泥稳定化与资源化”为“十一五”环保产业优先发展的领域之一
国家环境保护“十二五”规划（2011年12月15日，国务院印发）	明确说明：“十二五”期间，需推进污泥无害化处理处置和污水再生利用；开展工业生产过程协同处理生活垃圾和污泥试点，并将污泥处理处置确定为“十二五”环境保护重点工程之一。此外，在财税方面，对污水处理、污泥无害化处理设施、非电力行业脱硫脱硝和垃圾处理设施等企业实行政策优惠。全面落实污染者付费原则，完善污水处理收费制度，收费标准要逐步满足污水处理设施稳定运行和污泥无害化处置需求
国务院关于加快发展节能环保产业的意见（2013年1月23日，国务院下发，国发〔2013〕30号）	明确将污泥减量化、无害化、资源化技术装备确定为节能环保产业重点发展的技术装备之一。同时，还提出完善污水处理费和垃圾处理费政策，将污泥处理费用纳入污水处理成本的发展计划
国务院关于加强城市基础设施建设的意见（2013年9月，国务院发布）	在城市污水厂污泥处理设施建设方面，要求以设施建设和运行保障为主线，加快形成“厂网并举、泥水并重、再生利用”的建设格局，并按照“无害化、资源化”要求，加强污泥处理处置设施建设，城市污泥无害化处置率达到70%左右

续表

文件名称	涉及污泥资源回收与利用的主要内容
城镇排水与污水处理条例 （2013年9月18日国务院第24次常务会议通过，自2014年1月1日起施行）	第七条　城镇排水主管部门会同有关部门，根据当地经济社会发展水平以及地理、气候特征，编制本行政区域的城镇排水与污水处理规划，明确排水与污水处理目标与标准，排水量与排水模式，污水处理与再生利用，污泥处理处置要求，排涝措施，城镇排水与污水处理设施的规模、布局、建设时序和建设用地以及保障措施等；易发生内涝的城镇，还应当编制城镇内涝防治专项规划，并纳入本行政区域的城镇排水与污水处理规划。 第三十三条　污水处理费应当纳入地方财政预算管理，专项用于城镇污水处理设施的建设、运行和污泥处理处置，不得挪作他用。污水处理费的收费标准不应低于城镇污水处理设施正常运营的成本。因特殊原因，收取的污水处理费不足以支付城镇污水处理设施正常运营的成本，地方人民政府给予补贴。污水处理费的收取、使用情况应当向社会公开
水污染防治行动计划（水十条） （2015年4月2日，国务院下发）	推进污泥处理处置，污水处理设施产生的污泥应进行稳定化、无害化和资源化处理处置，禁止处理处置不达标的污泥进入耕地；非法污泥堆放点一律予以取缔；现有污泥处理处置设施应于2017年年底前基本完成达标改造，地级及以上城市污泥无害化处理处置率应于2020年年底前达到90%以上。将污泥处理处置作为地方各级人民政府重点支持的项目和工作。完善标准体系，制修订有关污泥处理处置的污染物排放标准，同时，完善收费政策，城镇污水处理收费标准不应低于污水处理和污泥处理处置成本
土壤污染防治行动计划 （2016年5月28日，国务院下发）	修订肥料、饲料、灌溉用水中有毒有害物质限量和农用污泥中污染物控制等标准，进一步严格污染物控制要求；严禁将城镇生活垃圾、污泥、工业废物直接用作肥料；鼓励将处理达标后的污泥用于园林绿化

续表

文件名称	涉及污泥资源回收与利用的主要内容
“十三五”节能减排综合工作方案（2016年12月20日，国务院印发）	注重污水处理厂污泥安全处理处置、杜绝二次污染。推动餐厨废弃物、建筑垃圾、园林废弃物、城市污泥和废旧纺织品等城市典型废弃物集中处理和资源化利用，推进燃煤耦合污泥等城市废弃物发电
2014～2015年节能减排低碳发展行动方案（2014年5月15日，国务院办公厅印发）	明确指出了要落实燃煤机组环保电价政策，完善污水处理费政策，并将污泥处理费用纳入污水处理成本
“无废城市”建设试点工作方案（2018年12月29日，国务院办公厅印发）	将生活垃圾、城镇污水污泥、建筑垃圾、废旧轮胎、危险废物、农业废弃物、报废汽车等固体废物分类收集及无害化处置设施纳入城市基础设施和公共设施范围，保障设施用地
城市污水处理及污染防治技术政策（2000年5月29日，国家环保总局、建设部和科技部联合发布）	提供了污泥管理的宏观指导方针，提出城市污水处理应考虑与污水资源化目标相结合，积极发展污水再生利用和污泥综合利用技术。 该技术政策规定城市污水处理产生的污泥，应采用厌氧、好氧和堆肥等方法进行稳定化处理，也可采用卫生填埋方法予以妥善处理。经过处理后的污泥，达到稳定化和无害化要求的可农田利用，否则应按有关标准和要求进行卫生填埋处置
城镇污水处理厂污泥处理处置及污染防治技术政策（试行）（2009年2月18日，住房和城乡建设部、环境保护部和科学技术部联合制定，建城〔2009〕23号文件）	首次从国家层面上出台污泥处理处置政策。 其内容包括总则、污泥处理处置规划和建设、污泥处置技术路线、污泥处理技术路线、污泥运输和贮存、污泥处理处置安全运行与监管、污泥处理处置保障措施七个部分，该技术政策规定了污泥处理处置的保障措施；提出了污泥处理处置的投融资机制，有利于污泥市场的发展

续表

文件名称	涉及污泥资源回收与利用的主要内容
城镇污水处理厂污泥处理处置污染防治最佳可行技术指南（试行） （2010年3月1日，环境保护部组织制定，第26号公告HJ-BAT-002）	筛选出了污泥处理处置的最佳可行技术。 技术政策和最佳可行技术指南的出台给我国城市污水处理厂污泥处理处置指明了方向，在很大程度上将促进我国污泥处理处置的发展
关于加强城镇污水处理厂污泥污染防治工作的通知 （2010年11月，环境保护部印发）	要求各级地方政府加快污泥处理设施建设，并明确：污水处理厂应对污水处理过程产生的污泥（含初沉污泥、剩余污泥和混合污泥）承担处理处置责任，其法定代表人或其主要负责人是污泥污染防治第一责任人
城镇污水处理厂污泥处理处置技术指南（试行） （2011年3月14日，国家发改委和住建部联合发布，建科〔2011〕34号文件）	针对我国城镇污水处理厂污泥大部分未得到无害化处理处置，资源化利用相对滞后的现状，借鉴日、德、英、美、法等国的经验，对污泥处理处置的技术路线与方案选择、污泥处理的单元技术、污泥处置方式及相关技术、应急处置与风险管理等问题进行了深入剖析
关于加强城镇污水处理设施污泥处理处置减排核查核算工作的通知 （2016年2月26日，环保部、住建部，环办总量函〔2016〕391号）	污泥妥善处理处置是充分发挥城镇污水处理纳入城镇污水处理减排统一监管，对各种不规范处理处置污泥的行为，扣减该部分污泥对应的城镇污水处理化学需氧量和氨氮削减量。《通知》对核算方法、核算依据、管理要求均进行了明确的规定
关于创新与完善促进绿色发展价格机制的意见 （2018年6月21日，国家发改委下发，发改价格规〔2018〕943号）	加快构建覆盖污水处理和污泥处置成本并合理盈利的价格机制，推进污水处理服务费形成市场化，逐步实现城镇污水处理费基本覆盖服务费用
城镇污水处理提质增效三年行动方案（2019—2021年） （2019年4月29日，住建部、生态环境部、发改委印发）	推进污泥处理处置及污水再生利用设施建设；地方各级人民政府要尽快将污水处理费收费标准调整到位，原则上应当补偿污水处理和污泥处理处置设施正常运营成本并合理盈利

2. 技术路线基本清晰

经过“十一五”、“十二五”、“十三五”期间科技研发与探索，已经形成符合我国国情的四条主流污泥处理处置技术路线，即“厌氧消化＋土地利用”、“好氧发酵＋土地利用”、“干化焚烧＋灰渣填埋或建材利用”、“深度脱水＋卫生填埋”。针对以上路线，开发了一系列关键技术与重大装备产品，并在示范工程上得到实施。我国污泥处理处置基本实现了从无到有、从点到面的突破，为技术体系的完善奠定了基础。

3. 新技术不断涌现

面对行业巨大需求，大量企事业单位针对污泥处理处置技术进行了卓有成效的创新研究，取得了令人瞩目的技术进步。污泥处理处置技术领域的全球专利申请自1975年至2019年间，申请数量呈不断上升的趋势，特别是近10年增长最为迅速，说明污泥处理处置技术研发是全球研发人员关注的热点之一。2015年至2019年间，全球污泥处理处置专利申请数据1187件，其中90％以上出自我国，创新性专利技术持续涌现，有的技术设备甚至达到了国际领先水平。

5.3.1.2 存在问题

1. 处理处置系统集成欠缺

在污泥处理处置领域存在重处理、轻处置的问题，污泥处理技术成果与安全处置及资源化缺少有效衔接。当前污泥处理处置的研究往往注重单个技术的开发研究而忽略该技术在整个污泥处理处置过程的系统联系，技术单元之间的协调衔接不畅通；污泥处理设备设计研发者从设备的出厂考核指标出发，注重单个设备的性能开发，忽略单个设备在整体中的作用，往往导致污泥处理处置整体效率的降低。总之，将不同的单元处理技术进行集成化应用过程中，存在单元运行效率与整体效率提升不匹配问题，缺少成体系的优化方案。

2. 污泥资源回收利用出路不畅

目前污泥处置的方法主要有污泥卫生填埋、末端焚烧、灰渣建材利用、土地利用等方式。然而这些处置方式在不同地区的应用受到不同程度的限制，污泥出路依然不畅通。脱水污泥直接卫生填埋存在的问题是含水率太高、总量较大，不仅存在填埋体变形或滑坡、填埋气体与渗滤液收集管线堵塞、无法机械压实等危及填埋场安全运行的隐患，还大量占用填埋场库容，降低填埋场使用年限，减少有限的填埋土地资源。我国污泥具有含水率高（80％）、有机质含量偏低、热值较低等特点，导致污泥焚烧灰渣建材利用运行成本高、尾气处理要求难、飞灰、噪声污染、炉渣利用路径不畅等问题。此外，这些工程大多是引进国外装备，投资高、能耗高，对操作管理的要求较高，而国产化污泥焚烧设备及其配套的烟气处理设施质量良莠不齐、运行状况差距较大。污泥土地利用被认为是污泥资源化处置的最佳选择，可实现污泥营养物质的最大循环利用，但是目前因缺乏相应的政策支持，公众对污泥土地利用的潜在风险心存余虑，推广应用非常困难。

3. 标准体系不够完善

总体上看，我国污泥处理处置标准体系尚不能满足实际工作需要，难以指导设计工作的开展和污泥最终处置的实践，也影响到行业产业化的进程。主要体现在：

（1）缺少具体实施细则，可操作性较低。欧美、日本等发达国家和地区的政策法规和标准规范可操作性较强。而我国现行的技术政策和标准规范中部分是原则性规定，可操作性较差，难以对污泥的处理处置进行有效指导。

（2）系统性不强。现有标准多为泥质标准，缺少污泥处理处置设施的设计、建设和运行的技术规范或标准，对于污泥土地利用、建材利用以及衍生产品的生产，也缺少相应的运行规范、产品的环境标准和技术标准。

（3）标准间缺乏系统性、协调性。由于污泥处理处置涉及管理部门较多，影响标准制订的完整性和系统性，一方面各标准间缺乏协调和统一性，另一方面标准与发展变化较快的污泥行业不相适应，修订不及时，与现有实际情况脱节，标准的指导作用被弱化。

4. 政策法规系统性不足

我国污泥处理处置管理政策仍存以下瓶颈问题：

（1）缺乏全过程顶层设计，政策系统性较差。发达国家普遍重视顶层设计，政策法规和标准体系涉及污泥监测、处理处置、储存运输、资源化利用、监督管理、公众参与等多个方面，可为污泥行业提供系统的指导；而我国已有政策缺乏针对全过程的管理，导致污泥处理处置工程缺乏统筹布局，各个工程之间衔接性差，制约了污泥产品的最终处置和资源化利用。

（2）缺乏源头管理机制，泥质可控性较差。污水排放源头管理和控制对于提高污泥泥质尤为重要。如在美国，在环保部门的推动下，污水处理设施运营者参与到上游污水排放企业的管理，与排水企业建立责任联合体，从而形成有效的监控体系，为污泥安全处置奠定了基础；而我国目前尚缺乏类似的监管和责任追查机制，排水许可制度没有发挥应有的作用，制约了污泥泥质的改善和污泥的安全处置。

（3）缺乏财政激励和收费价格机制，资金保障性较差。发达国家大多建立了污泥管理基金，并针对污泥产生者、处理者、利用者和污泥产品购买者制定了不同的税收和经济政策；而我国污泥处理收费、价格补贴和投融资政策尚不明朗，致使资金保障不足。

（4）缺乏管理部门间协调联动机制。污泥处理处置和资源化利用综合性强，涉及污泥产生、处理、运输、处置、监测等多个环节，涉及住建、环保、农业、林业、建材等多个部门，而我国现有政策缺乏不同环节、不同部门之间的共同参与和协调机制，使得污泥处理处置和资源化的全产业链未能很好衔接。

5.3.1.3　发展趋势

循环经济及全生命周期的物质流评价是未来发展方向。全面实现污泥稳定化、无害化，推进稳定污泥土地利用，实现污泥有机质及营养元素循环利用是污泥处理处置、资源化利用的必由之路。污泥能量、氮、磷回收是国际关注热点，磷资源已成为涉及粮食安全的战略资源，未来磷资源价格上涨必将推动磷回收技术的应用。一些发达国家（如德国）已明确要求一定规模的污水处理厂污泥要实现磷的全量回收。沼液中氮资源丰富，占污水原水的 30%～45%，且易于提取。推动污泥焚烧灰渣磷回收、沼液中氮回收技术进步，实现经济可行、技术可达是污泥氮磷回收的发展方向。无论从环境治理的迫切要求，还是巨大的市场需求来看，我国污泥处理处置产业都应加快发展速度，以满足“美丽中国”建设背景下的环保和资源循环利用的需求。

5.3.2　目标与任务

5.3.2.1　总体目标

强化对污泥处理处置的环境保护与资源化利用并举，大幅提升污泥资源循环利用技术水平，全面推进城镇污水处理厂污泥的资源回收与循环利用，推动污泥处置的绿色生态可持续发展。

5.3.2.2　重点任务

加大污泥资源化利用的规模和力度，实现污水处理系统和污泥资源化系统的有效衔接。

1. 提升污泥能源回收水平

大力推行污泥能源高效回收。到 2035 年，60%以上处理量大于 1.0×10^5 m^3/d 的城镇污水处理厂进行污泥厌氧消化处理，能源自给率达到 60%以上。

2. 大幅提升污泥资源循环利用率

大幅提升污泥资源循环利用水平，到 2035 年，力争实现污泥近“零”填埋，污泥处理产物土地利用率达 60%以上，500t 以上单独焚烧工程的残渣磷回收率达到 90%以上，200t 以上厌氧消化处理工程的沼液氮回收率 90%以上，好氧发酵产物的资源化利用率 95%以上。

3. 提升污泥处理处置及管理的智慧水平

大力提高污泥处理处置装备的集成化、智能化和污泥安全管理水平，构建全流程、多部门联动、多网融合的污泥处理处置及智慧管理体系，保障污泥处理处置及资源回收与利用全过程的安全、高效。

4. 完善污泥资源化利用标准体系建设

建立完善的污泥处理处置过程中的基础标准、通用标准、产品标准的标准体系，增强系统性；强化标准的贯彻落实，系统推进污泥处理处置与资源化利用工程建设、运行管理与资源利用的安全、有效。

5.3.3 路径与方法

5.3.3.1 加快补齐污泥资源化利用短板

积极推进“厌氧消化或好氧发酵＋土地利用”为主的技术路线。在有机质含量不足的情况下，鼓励采取“餐厨/粪便协同厌氧消化”或“好氧发酵＋土地利用”的技术路线。含有有害物质且不利于后续土地利用的污泥，可采用“干化焚烧＋灰渣填埋或建材利用”为主的技术路线；在土地资源丰富且经济条件有限的地区可适度采用“深度脱水＋卫生填埋”的技术路线。

5.3.3.2 稳步提升污泥能源化利用水平

提升污泥中能源利用的管理、技术水平，实现污泥中能源的资源化利用。在考虑处理效果的同时，兼顾管理、经济成本、投资收益等多方面因素，因地制宜地选用技术工艺及参数，加快污泥能源化利用技术、装备和能力建设，筛选符合我国国情的典型工程案例，树立标杆，提高污水厂能源自给率。

专栏 24

发达国家污水处理厂能源自给率

研究表明，污水中所蕴含的有机化学能是对其进行处理所需能耗的近 5 倍。如果能提取其中部分 COD 化学能甚至是热能并就地转换为电能，理论上可以实现能耗的完全自给甚至可以变成能量输出厂。理论论证充分表明，未来的污水处理厂不是能源的消耗者，而应该成为能源供应者。

续表

目前发达国家提出污水厂能源自给率100%的目标，奥地利特拉斯（Strass）污水处理厂、丹麦Aarhus市Egaa污水处理厂是国际有影响的工程示范案例。

奥地利斯特拉斯（Strass）污水处理厂以主流传统工艺（AB法）与侧流现代工艺（厌氧氨氧化）相结合方式，最大化的利用剩余污泥能源化，通过厌氧消化产甲烷并热电联产，早在2005年便实现了能源自给率108%，完全达到碳中和运行目标。目前，该厂利用剩余污泥与厂外厨余垃圾进行厌氧消化，使得能源自给率高达200%，不仅实现能源自给自足，而且还有一半的能量可以向厂外供应，已成为名副其实的"能源工厂"。

丹麦Aarhus市近些年提出了使整个城市变成碳平衡地区，目前Aarhus市已经成为世界上第一个利用从污水处理中回收的能源，实现覆盖本市大部分污水处理和自来水供给的能耗需求的城市。AarhusVand公司最近提出了"污水厂150%能量"概念，并对该市Egaa厂进行技术改造，所采用的主要技术路线及流程如下图所示，主要措施包括：预处理段COD高效分离及捕获；生物处理工序采用EssDe，即低温厌氧氨氧化，"污泥增量"引入外部有机废物采取厌氧协同消化，沼气利用及能源化CHP段采用ORC有机朗肯循环技术，污泥消化液的处理采取侧流Anammox为主流EssDe反应器实现Anammox菌的接种，同时实现磷回收。"150%能量"目标计划于2017年实现。

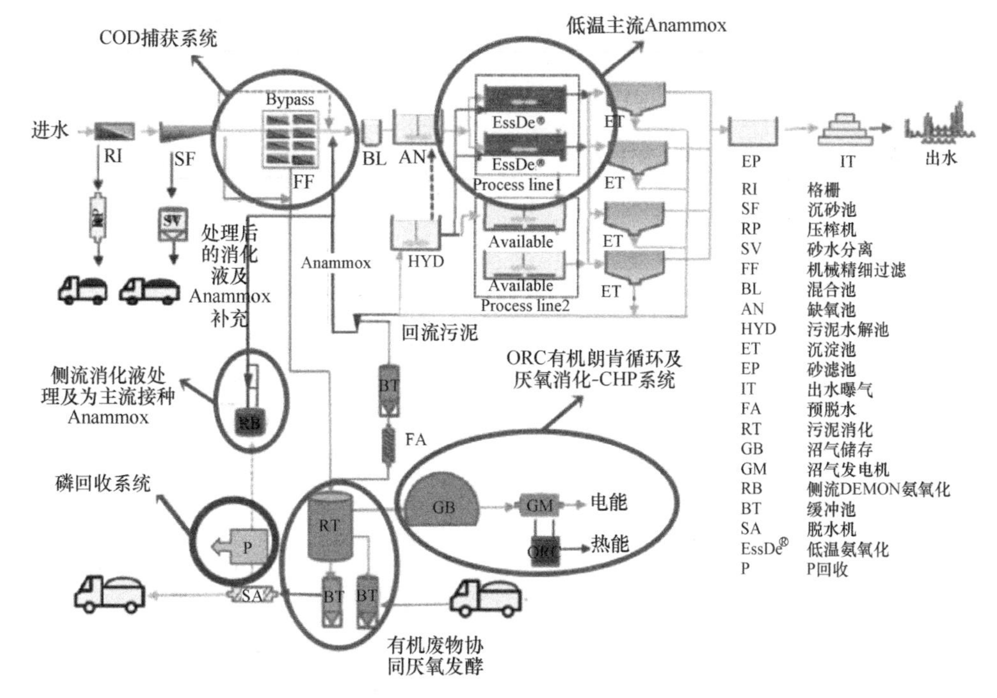

丹麦Egaa WWTP迈向"正能量"污水厂提标改造技术路线

新加坡的长期目标是利用目前实验室中试技术或建议技术，使污水处理厂能源自给率超过100%，并降低剩余污泥产量。

5.3.3.3 全面突破污泥资源循环利用技术瓶颈

以污泥养分和有机质利用为导向，完善并推广土地利用的适用泥质特性和污泥稳定化、无害化的智能工艺，贯通污泥稳定化、无害化处理与土地利用之间的衔接渠道，更好地实现污泥养分和有机质的生态循环。加强国产污泥处理处置潜在二次污染控制和风险管理等，积极探索污泥土地利用与保障农作物生长安全的合作机制。

专栏25

欧盟及美国污泥土地利用现状

美国的污水污泥处置方法主要是以土地利用为主，其主要原因是，美国国土面积辽阔，而人口密度相对较低，适合进行土地利用的土地很多。所以，对美国而言，污泥处理处置产物的土地利用在污泥处理中所占比例一直很高。有资料表明，1998年，美国大约有60%的污水污泥进行有效利用，主要途径是土地利用、堆肥或用作填埋场覆盖材料。

欧盟各国的土地利用包括污泥农业利用及堆肥利用两种方式。欧盟各国土地利用比例在2%~99%之间，其中最高的为爱尔兰，土地利用比例达到96%~99%。土地利用比例达到70%的国家还有法国（78%）、匈牙利（84%）、捷克（75%）、立陶宛（72%）、保加利亚（72%）等。大多数国家污泥土地利用比例超过40%。

欧盟各国2014年和2015年污泥处置量及污泥土地利用的比例（含水率，80%）

欧盟国家	总处置量（万吨）		农业处置量（万吨）		堆肥处置量（万吨）		土地利用总量（万吨）		土地利用比例（%）	
	2014	2015	2014	2015	2014	2015	2014	2015	2014	2015
奥地利	119.5		19.8		38.85		58.65		49	
保加利亚	16.3	23.6	8.2	15.2	0.4	1.7	8.6	16.9	53	72
克罗地亚	8.15	8.55	0.4	0.5	0.004	0	0.404	0.5	5	6
塞浦路斯	3.1	3.35	0.7	0.45	0	0	0.7	0.45	23	13
捷克	79.6	86.5	23.9	31.55	30.25	33.55	54.15	65.1	68	75
法国	468.55		210.65		152.55		363.2		78	
德国	901.5	901.5	235.45	213.85	125.75	111.85	361.2	325.7	40	36
希腊	58.05		11.4		4.5		15.9	0	27	
匈牙利	56.2	55.5	2.35	4.7	37.35	41.85	39.7	46.55	71	84
爱尔兰	26.75	29.2	21.25	23.35	4.65	5.45	25.9	28.8	97	99
立陶宛	17.2	18.65	4.25	5.6	7.3	7.8	11.55	13.4	67	72
卢森堡		4.6		1.55		1.1		2.65		58
波兰	278	284	53.6	53.75	23.15	23.55	76.75	77.3	28	27
罗马尼亚	96.15	77.9	6.55	5.3	0.1	0	6.65	5.3	7	7

续表

续表

欧盟国家	总处置量（万吨）		农业处置量（万吨）		堆肥处置量（万吨）		土地利用总量（万吨）		土地利用比例（%）	
	2014	2015	2014	2015	2014	2015	2014	2015	2014	2015
斯洛文尼亚	14	14.5	0.1	0	0.75	0.3	0.85	0.3	6	2
斯洛伐克	28.45	28.1	0	0	13.05	12.45	13.05	12.45	46	44
瑞典	91.95		25.5	29.75	29.55	0	55.05	29.75	60	

积极探索并实践污泥磷回收、沼液氮回收关键技术、工艺路线，加大研发与集成工程化装备，实现氮磷资源的高效回收。

专栏 26

德国污泥中磷回收现状

1. 德国污泥处理现状

德国在磷回收研究领域处于国际先进地位，尤其近年来在大规模工业化工程项目实施过程中累积了许多实践经验。

2016年，德国城市污水处理厂共产生约180万吨污水污泥干基，其中大部分进行了焚烧处理。自2005年6月1日德国禁止有机污泥填埋处置以来，污水污泥热处理量增加了约64%。相应地，其在农业与景观工程方面加以土地利用的比例则逐年下降。2012年该比例还在45%以上，但随着土地利用质量要求的不断提高与肥料法规定的应用限制，2016年该比例已下降到了仅35%。

德国于2017年10月3日通过了对《污水污泥条例》的修订，其核心内容是要求从污水污泥或其焚烧灰中回收磷。按新条例，城镇污水处理厂污泥需进行磷回收处理。对于人口当量大于10万的污水处理厂，过渡期的截止期限在2029年1月1日；5万～10万人口当量的污水处理厂的截止期限在2032年1月1日；在期限日之前，污水处理厂污水污泥可按现状遵循肥料法继续用作土壤肥料；在过渡期之后，含磷量大于20g/kg总固体的污水污泥须采用磷回收工艺，要求从污水污泥总固体中回收50%以上的磷，或将污水污泥焚烧灰中的磷含量降低到不足20g/kg总固体或需从中回收80%以上的磷。人口当量≤5万的小型污水处理厂产生的污水污泥则不受制于该新修订条例。

2. 德国污水污泥处置相关部分立法

德国磷回收不但考虑了生态环保及经济因素，而且还制定了相应的法律框架和技术规范。德国循环经济法自2012年已开始生效，德国资源利用项目也于2012年2月12日开始实施。在目前的法律框架条件下，德国环保部明确要求，需要从含有营养物的市政污泥中进行磷回收。随着德国新版市政污泥技术规范出台，预计今后10年内德国将会出现和建设大量工业化规模的磷回收装置。

续表

（1）《循环经济法》

德国污水污泥处置的法律依据是2012年2月24日发布的《循环经济法》。该法于2012年6月1日实施，于2017年7月20日进行了修订，其目的在于通过加强废物减量及废物回收，以持续地改善废物管理中的环境及气候保护和资源化。

（2）2017修订版《污水污泥条例》

修订版的《污水污泥条例》于2017年10月3日正式生效，整体取代1992年旧版条例。条例首次对污水污泥或污水污泥焚烧灰提出了磷回收要求。

（3）欧盟污水污泥指令

该指令规定了污水污泥及土壤中重金属的限值，以及每年可施用于土壤的重金属限值。

（4）肥料法

主要包括《肥料法案》《肥料应用条例》《肥料条例》《第17号联邦排放控制条例》（17. BImSchV）、《空气质量控制技术指引》《填埋条例》等。

3. 磷的供需矛盾

德国完全依赖于进口原磷，因此磷是一种战略资源。德国早在2000年已实现了污水脱氮除磷及其深度处理，污水中约90%的含磷排至污泥之中。随着污水污泥土地利用率的明显下降，1991年到2016年污水污泥的热处理（干化、焚烧）率从10%增加到65%，但污水污泥焚烧后的灰分不能直接进行磷的土地利用，如灰分中的磷直接用于土壤，则植物很难吸收，不仅肥效低，而且还会引起土壤板结。因此，德国高度重视回收污水污泥中的磷资源，并于近年开发出诸多磷回收技术。

4. 磷的回收潜力及方法

德国多年来一直致力于开发合适的磷回收技术。早在2004年～2011年，作为德国联邦政府资源保护倡议的一部分，联邦教育与研究部和当时的联邦环境、自然保护与核安全部开展了磷回收技术的工艺开发以及大规模实施。此时，考虑的物质流是市政污水污泥、市政污水、剩余粪肥等。

德国不同物料流的理论磷回收潜力

物料流	预计磷回收量（吨/年）
城镇污水	61600
工业废水	15000
城镇污水污泥	50000
污水污泥灰	50000
粪肥	444000
污泥消化液	125000

专栏 27

欧盟污水处理厂沼液氨氮回收

据报道，目前德国至少已有15个全套吹脱/吸附装备用于污水处理厂沼液的氨氮回收项目。

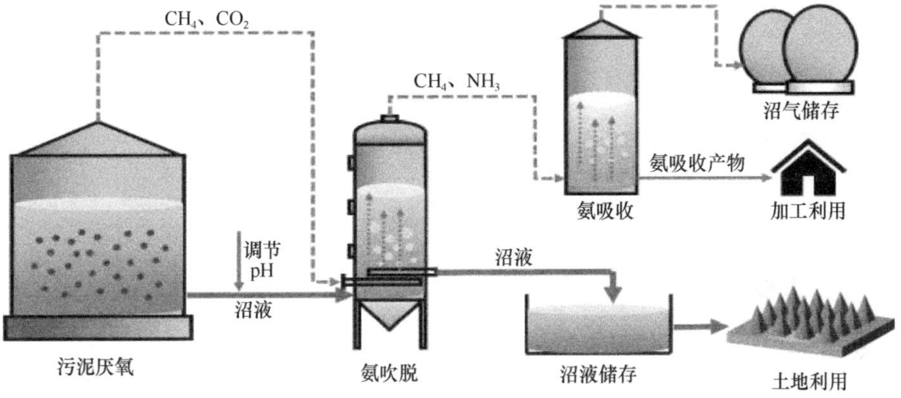

欧盟污水处理厂沼液氨氮回收工艺路线图

5.3.3.4　大力提升污泥资源回收利用装备的智能化、集成化水平

积极采用基于“互联网＋”的精细化调控、实时反馈调节的一体化控制、人工智能等现代技术，提升污泥处理处置工程信息数据分析和管理水平。

5.3.3.5　探索建立现代化污泥资源回收利用商业创新模式

积极拓展污泥资源化综合利用的市场，建立跨行业的协作机制，打通污泥处理处置与资源化利用的产业链条；统一污泥处理处置技术、设备生产标准和污泥处置产品和资源化利用评价规范；全面提高市场准入门槛，促进污泥处理处置设备生产企业自我创新，不断提高装备的科技水平和竞争力，实现污泥处理处置产业升级和更新换代。

第 6 章　智　慧　水　务

6.1　现 状 与 需 求

6.1.1　发展现状

随着《国家智慧城市试点暂行管理办法》、《水污染防治行动计划》（水十条）、《关于促进智慧城市健康发展的指导意见》、《国务院关于印发新一代人工智能发展规划的通知》等政策的相继发布，国家对智慧城市建设越来越重视。智慧水务作为智慧城市的重要组成部分，对城市的健康发展、安全运行非常重要，不仅能够提升城镇水务运行、管理和服务水平，而且还能为城市发展和生态文明建设提供有力支撑。

6.1.1.1　地理信息定位系统基本普及

随着地理信息系统（GIS）的推广应用的普及，绝大部分城市水务企业已具备一定水平地理信息系统用于设施系统、服务用户的精准定位与基础数字信息管理。随着我国“北斗”卫星定位系统的成熟与普及，城市水务行业地理信息系统（GIS）的应用水平会进一步提高。

6.1.1.2　BIM 技术得到广泛应用

水务行业 BIM（建筑信息模型）应用最早由设计单位引入解决管线碰撞等设计问题，虽然起步时间不长，但发展速度很快，目前在设计、施工阶段已得到较为广泛的应用，运维阶段应用虽然处在起步阶段，但也越来越受到建设单位的重视，以业主需求为导向的 BIM 应用在广度和深度上也在不断拓展，对水务行业的技术进步、管理和服务水平的提升起到了有力的推动作用。

6.1.1.3　智能感知技术及其应用快速发展

智能感知基于更先进可靠的自动监测设备与技术，构建监测内容更丰富、运行更稳定的在线监测系统，辅以人工监测，为水务系统的生产维护、管理运行状况和服务决策提供实时的数据信息。

在供水安全领域，目前国内主要城市的水源地、生产过程和管网系统正在逐步应用水质自动监测技术，系统由遥感模块、取样模块、检测模块和数据传输模块组成，辅以视频监控，保障水质安全。部分城市结合二次加压设施的改造，安装了水质自动监测和传输系统，居民可24小时获取相关水质信息。

在水环境治理领域，一些城市建设了水环境一体化、网络化、智能化的全方位立体感知系统，在污水收集排放系统中布设了监测网络，特别是污水处理厂厂进出水质的监测，城市排水入河前水质、水量的监测，大大提升了行业精准治污的水平。在污水处理各个环节增加了监测与监控，提高了污水处理厂的运行时效，实现了更精准的水环境治理控制。

在城市排水防涝领域，一些城市已建设内涝智慧监测系统，对排水防涝管理作用明显。通过与气象、水文、水力等单位共享数据，实时掌握降雨数据和水情动态变化。通过在市区重点区域安装降雨监测装置，掌控降雨过程实时全程；通过布设河道和管网远程监测装置，对城市河道和排水管网的运行状态的实时监测和调度；通过在城市低洼地区积水点布设监测装置，实现重点区域积水水位演变趋势在线预测与管控等。

6.1.1.4　智能控制提高了行业运行效能

随着更高的供水水质和排水水质标准要求的提高，传统的人工控制或基于SCADA（Supervisory Control And Data Acquisition，数据采集与监控）系统的简单远程控制已不能适应智能发展的要求。为实现生产智能化运行，达到更高的数据运用效果，目前正在积极探索包括数据检测、数据规范、数据接口对接、监测数据分析和过程智能优化控制等。在生产运行控制方面，对重要工艺环节，如曝气量控制、加药量控制等，已从简单的PID控制（proportional integral derivative control，比例积分微分控制）过渡到基于水力、反应动力学模型的精确控制。

供水管网运维方面，城镇水务企业通过利用更精确、更智能的管网监测系统和数学模型，推进城镇供水管网分区计量控制，建立精细化漏损管控体系，协同推进二次加压设施改造。将供水区域划分为独立区域，通过计量对比每个区域进出水量，借助智慧水务，通过精确管理水量，合理控制管网运行压力等措施，实现主动降低管网漏损，减少水资源浪费。

城市排水管网运维方面，先进的检测和修复技术与装备，如可视高压冲洗装置、管道监测机器人、管道清淤机器人、管道修复机器人等，大大提高了管道健康检查与修复能力。

城市排水泵站运维方面，通过对泵站进行自动化控制改造，根据雨量、城市河道水位、管网液位和污水厂处理能力等参数建立泵站设备运行监控系统，系统调度泵站运行，同时实现泵站设备故障预判。基于泵站优化理论，以节能降耗为目标，采用分散控制、统一管理的模式，实现多模式的远程网络泵站控制，实现智能调度。

6.1.1.5　信息化管理提升管理与服务效率

水务企业利用信息化手段，开展远传抄表、网上业务办理等协同业务系统建设及应用，用户通过互联网和手机就能“零跑腿”完成缴费、查询、报装、报修等业务。同时用户数据共享至多部门，帮助供水企业实现“跨部门、多环节”精细化管理。

水环境治理方面，为实现厂站网一体化管理，积极推进城市排水管网数字化管理、排污口管网溯源、厂站网关联关系构建等工作。一些城市在推进一体化管理过程中，围绕市区汇水流域，进行区域和系统化的厂网一体化管理，精准实施源头监控和超标溯源，通过完善水厂、管网、泵站一体化信息化管理和调度系统，提高设施运行效果，城市水体黑臭现象得到显著改善，水环境质量明显提升，同时运行成本也得到了优化控制。

在城镇污水处理方面，污水处理企业尝试利用物联网、移动互联网和云计算技术实现智慧化运营管控平台，提升企业区域化运营管控能力和科学决策能力。污水处理厂通过信息化、数字化系统建设，以安全、稳定、高效为目标，实现厂级标准化、智能化管理，提升了工作效率和应急事件响应能力。一些企业开始尝试“智慧污水厂”的建设及运营管理示范。

在排水防涝方面，一些城市综合气象、水文、水利、交通等信息，建立了综合水文气象预测预警与监测系统，充分利用数字信息，及时根据雨情、水情变化情况，科学调度挖掘现有设施的蓄排能力，从而提高了城市防涝减灾的应对能力。

6.1.1.6　智能化提升决策的科学性

通过引入智能化管理平台，有效提高水务行业各环节的数据利用效率，改进管理方式，实现高效协同管理的目标。

在供水业务方面，部分供水企业根据自身需求，基于多种数字化技术，构建基础数据采集平台、云计算中心、云服务平台等综合管理平台，初步实现生产运行信息化和经营管理平台化，实现生产业务流程实时监控、故障及时反馈和经营数字化管理。

在水环境整治方面，为解决水环境系统中各种复杂问题，应用管网、污水处理厂的水质、水量等模型，积极探索水质预警、水生态健康评估、水环境应急决策等智慧决策机制。

在排水防涝方面，建立并应用城市防涝预警与应急管理系统，实现科学调度，全面提高洪涝灾害预警能力和应急响应能力，增强城市应对洪涝灾害的韧性。

6.1.2　存在问题

6.1.2.1　实现智慧水务的基础薄弱

目前，智慧水务的认识比较混乱。对概念和内涵缺乏明确、统一的认识，甚至片面地认为自动化、传感器、大数据或云计算就是“智慧”，导致“智慧水务”一词泛化，阻碍了智慧水务体系的科学构建和有序发展。

我国智慧水务的实践还处在初期探索阶段，不同地区智慧水务的建设目标各不相同，发展水平参差不齐，主要表现在：偏重于信息化建设，对数字信息应用的能力弱；偏重于强调实时监测等“感知”建设，忽略数据挖掘和“智慧”应用建设，使得智慧水务建设停留在信息化表达上；缺乏智慧水务工作与相应系统基础设施建设规划，导致建成项目系统性弱、可应用性弱、兼容性差，技术融合不充分；针对我国水务行业特点与技术需求的数据甄别、算法与计算模型研究应用滞后，影响智慧水务发展进程。

6.1.2.2　信息孤岛问题突出

缺少完善的信息化标准体系。大部分设备在硬件接口、数据类型、通信协议和采集精度等方面都缺少明确的定义和规定，各监测系统往往使用独立的采集设备，系统开放度低，兼容性差，信息孤岛现象较为突出，难以实现对海量信息的收集、甄别、关联、评估及挖掘，无法为水务系统的统一调控和各部门的协同工作提供有效的数据信息支持。

6.1.2.3　信息技术与水务业务融合度差

智慧水务建设与互联网、计算机、数字信息技术、云计算、人工智能等必要的技术手段融合性差，单纯地将BIM、计算机技术、检测技术、自控技术等与水务业务生硬结合，智慧系统建设所采用的技术设备不能适应水务行业的应用需求，难以发挥智慧水务应有的功能和作用。

6.1.3 发展趋势

人工智能对各行各业的发展所带来的影响是必然的，水务行业也不例外，主动积极融入已然是大势所趋。随着智慧水务建设的整体推进和人工智能算法的进步，水务行业将利用人工智能技术，对数据资源进行深层次分析和挖掘，在智能客服、故障诊断、工艺调控、设备管控等方面做出更准确地预测和判断，逐步替代人工经验在决策中的作用，驱动水务企业数字化生产创新和生产智能化，推动水务行业全面迈入智慧阶段。

6.1.3.1 全面普及和提升地理信息技术应用水平

地理信息系统（GIS）是智慧与人工智能的信息基础，更加精准的多维定位数字信息为智慧水务发展打下坚实的基础。

6.1.3.2 大力提高BIM技术与新一代信息技术的融合

BIM与AI、5G、物联网、云计算、二维码、3D扫描等新一代信息技术的融合应用将日趋成熟，成为保障项目设计、建造、运行、维护、资产改造与重置全过程、全生命周期质量、进度、安全的重要手段。

6.1.3.3 借力传感器技术强化设施系统感知能力

以传感器为主的物联网趋势将大大推动实时数据采集与有效利用。随着各类新型传感技术的应用和国产传感器研发制造水平的提升，将有效降低传感器使用和维护成本，推动水务行业构建更加完善、布设广泛的数据感知系统；同时新型传感技术的发展也使水务行业可以洞察目前难以监测的数据参数，实时掌握生产过程中更多参数因子的变化过程，助力水务企业及时获取生产全过程的各项有价值的信息，实现生产过程的快速调整、控制，保障运行效果，推动水务行业向精细化建设、运行和管理的方向发展。

6.1.3.4 借力信息技术提升水务管理水平和服务效能

依靠信息技术创新水务管理模式，促进水务管理和服务效能提升。信息技术将成为水务管理和服务的主要工具，以“软件即服务”（Software-as-a-Service，简称SaaS）为代表的云计算管理模式将成为水务管理发展的新方向，推动水务企业快速便捷地根据自身需求构建个性化云管理平台，基于生产监测数据，统一分析管理，化解信息孤岛，降低管理难度，让水务企业专注于管理本身；在管理变革的同时，未来水务服务也将有所改变，利用移动终端、AR/VR技术等，让水务服务深入每一个用户，由传统的被动服务，变为更及时、个性化和高效的主动服务，形成水务即服务的理念。

6.1.3.5 借力“新基建”促进传统水务与智慧水务的融合

“新基建”是通过数字经济和高端科技的快速发展为我国提供新一轮工业和科技革命的重要基础。智慧水务与新基建中的5G基建、大数据中心、人工智能、工业互联网息息相关，将“新基建”与传统行业基础设施建设有机结合，二者相辅相成，互相推动。

6.1.3.6 智慧水务对接智慧城市

随着数字经济赋能智慧城市理念的逐步深化，智慧水务作为智慧城市重要组成部分也将得到稳步推进。通过智慧水务建设，推进城市水生态循环系统化、网络化、数字化管理，实现全信息监控、全过程管控，对接智慧城市，强化对城镇人居环境与社会经济发展的服务保障、运行安全与绿色发展，协同治理城市。

6.2 目标与任务

6.2.1 总体目标

坚持以面向行业、支撑政府、服务社会为原则，到2035年，通过新一代信息技术与水务业务的深度融合，不断推动水务行业创新发展与升级换代，实现城镇水务的数据资源化、控制智能化、管理精细化、决策智慧化，支撑城镇水务行业运营更高效、管理更科学、服务更优质。表6-1所示为2035年智慧水务规划主要指标。

2035年智慧水务规划主要指标 **表6-1**

序号	项目	覆盖程度				指标说明
		超大城市和特大城市	大城市	中等城市和小城市	县城关镇	
1	地理信息系统	100%	100%	100%	100%	供水系统基础信息要求：管径、标高、埋深、管材、阀门、消防栓、阀门井、水表井、泵站、测压测流测质点、建设年代、敷设方式； 排水系统基础信息要求：管径、标高、埋深、管材、闸门、检查井、排污口、泵站、测流测质点、建设年代、敷设方式 精度满足国家规范要求，数据（设备设施维护维修及更新改造）动态更新

续表

<table>
<tr><th rowspan="2">序号</th><th rowspan="2">项目</th><th colspan="4">覆盖程度</th><th rowspan="2" colspan="2">指标说明</th></tr>
<tr><th>超大城市和特大城市</th><th>大城市</th><th>中等城市和小城市</th><th>县城关镇</th></tr>
<tr><td rowspan="2">2</td><td rowspan="2">BIM</td><td rowspan="2">100%</td><td rowspan="2">100%</td><td rowspan="2">鼓励</td><td rowspan="2">鼓励</td><td>厂站</td><td>供水厂、污水厂、泵站、调蓄池等设备设施。打造数字孪生的可视化厂站，实现设备资产管理、隐蔽工程管理、场景漫游、可视化参观和培训等功能应用</td></tr>
<tr><td>管网</td><td>管径、标高、埋深、检查井、排污口、泵站、测流测质点、敷设方式等。BIM与地理信息系统、IOT相结合，构建CIM（城市信息模型系统）级的管网系统</td></tr>
<tr><td rowspan="3">3</td><td rowspan="3">在线监测</td><td rowspan="3">100%</td><td rowspan="3">90%</td><td rowspan="3">80%</td><td rowspan="3">60%</td><td>饮用水</td><td>按照标准要求，对水源、水厂、输水系统、配水管网设置水质、水位、水压、流量等在线监测仪表</td></tr>
<tr><td>污水</td><td>按照标准要求对污水厂进出水、各工艺环节、排水泵站、排水管网的关键节点设置水质、水位、流量、有害气体等在线监测仪表</td></tr>
<tr><td>雨水</td><td>对雨量采集点、调蓄泵站、溢排口、蓄滞设施、易涝点设置雨量、液位、流量和视频等检测设施。泵站还需监测扬程，管网需监测流量、流速</td></tr>
<tr><td rowspan="3">4</td><td rowspan="3">自动/智能控制</td><td rowspan="3">95%</td><td rowspan="3">95%</td><td>饮用水95%</td><td>饮用水95%</td><td>饮用水</td><td>根据规模、控制和节能要求配置自动控制系统，并能实现取水—水厂—管网加压设备的自动化控制；关键环节（如加药、反冲洗、消毒等）实现智能控制</td></tr>
<tr><td rowspan="2">污水及雨水90%</td><td rowspan="2">污水及雨水90%</td><td>污水</td><td>对厂、泵站在内的污水处理排放系统的全部工艺流程和设备进行自动化控制，实现监视和控制；关键环节（提升、加药、曝气、反冲洗等）实现智能控制</td></tr>
<tr><td>雨水</td><td>对雨水管网、调蓄池、雨水泵站运行等关键设备进行自动化控制</td></tr>
<tr><td rowspan="3">5</td><td rowspan="3">数字化管理</td><td rowspan="3">95%</td><td rowspan="3">90%</td><td rowspan="3">80%</td><td rowspan="3">鼓励</td><td>饮用水</td><td>供水系统的客户服务、SCADA系统、漏损控制等实现数字化管理、资产管理等</td></tr>
<tr><td>污水</td><td>污水厂运行、管网养护、水环境监管等实现数字化管理</td></tr>
<tr><td>雨水</td><td>城市排水防涝实现数字化管理</td></tr>
</table>

续表

<table>
<tr><th rowspan="2">序号</th><th rowspan="2">项目</th><th colspan="4">覆盖程度</th><th rowspan="2" colspan="2">指标说明</th></tr>
<tr><th>超大城市和特大城市</th><th>大城市</th><th>中等城市和小城市</th><th>县城关镇</th></tr>
<tr><td rowspan="2">6</td><td rowspan="2">服务与信息公开</td><td rowspan="2">95%</td><td rowspan="2">90%</td><td rowspan="2">80%</td><td rowspan="2">鼓励</td><td>信息发布与收集</td><td>线上及自助设备包含但不限于城镇供排水企业的停水公告、水价信息、服务网点信息、服务动态、积水点信息推送等服务，以及用户反馈的爆管漏损等信息收集服务</td></tr>
<tr><td>线上业务办理服务</td><td>线上预约或办理供排水业务服务，含缴费、票据服务、预约服务等</td></tr>
<tr><td rowspan="2">7</td><td rowspan="2">智慧化决策</td><td rowspan="2">95%</td><td rowspan="2">90%</td><td rowspan="2">鼓励</td><td rowspan="2">鼓励</td><td colspan="2">饮用水、污水的调度运行和决策实现智慧化</td></tr>
<tr><td colspan="2">排水防涝的调度管理和决策实现智慧化</td></tr>
<tr><td>8</td><td>网络安全</td><td>80%</td><td>70%</td><td>60%</td><td>鼓励</td><td colspan="2">关键信息基础设施进行网络安全等级测评，其等级保护满足“网络技术安全等级保护2.0”等级要求（关键信息基础设施指一旦遭到破坏、丧失功能或数据泄露，可能危害国家、国计民生、公共利益的网络安全保护对象）</td></tr>
</table>

注：1. 具体监测节点及指标参照现行国家标准《室外给水设计标准》GB 50013、《室外排水设计标准》GB 50014（未发布）等相关标准。

2. 超大城市指城区常住人口在1000万以上的城市；特大城市指城区常住人口500万以上1000万以下的城市；大城市指城区常住人口100万以上500万以下的城市；中等城市指城区常住人口50万以上100万以下的城市；小城市指城区常住人口在50万以下的城市（以上包括本数，以下不包括本数）。

6.2.2 重点任务

充分利用地理信息技术、信息采集系统、管理系统、服务系统以及模型等信息化手段，通过智慧水务的建设与发展，达到“物在线、人在线、管理在线、服务在线”的要求，到2035年，水务行业全面实现厂站管理“节能高效、智能管控”，管网管理“安全可靠、运行通畅”，客户服务“优质便捷、主动精准、业务零跑腿”，水务信息“及时透明、安全准确”，运营决策“智慧预判、防患未然”。

1. 加快推进智慧水务基础设施建设

全面普及地理信息数字化建设，大力推进BIM等技术应用，发展各类水务控制系统与单元的感知与监控系统，建立行业数据标准以及数据库，加快关键工艺设备与装备的数字化、智能化的集成与制造，稳步推进水务实施系统从自动控制、智能控制向智慧化发展。

2. 保障城镇水务网络安全

以运营安全为抓手，建立保障水务行业数据与计算安全的网络安全体系，形成水务系统网络安全纵深防御体系，强化数据从产生、使用到归档整个生命周期的安全。

3. 强化水务业务与智慧技术紧密融合

充分将互联网、大数据、云计算、人工智能等新一代信息技术与水务行业发展与技术转型升级需求的深度融合，有效提升城镇水务行业资源利用、节能降耗、运行效率、优质服务、安全保障、应急处置、预判与优化调度等管理水平。

专栏 28

智慧水务概念与内涵

智慧水务是通过新一代信息技术与水务业务的深度融合，充分挖掘数据价值和逻辑关系，实现水务业务系统的控制智能化、数据资源化、管理精准化、决策智慧化，保障水务设施安全运行，使水务业务运营更高效、管理更科学和服务更优质。

智能：以“物”为主体，按规则和逻辑来适应环境的各种行为能力。其特点是针对“物”为主体，相对微观，如智能家居、智能水表、智能手机等。

智慧：以“人+物”为主体，运用知识和经验来做出判断和决策的能力。其特点是针对“人+物”的复杂系统，相对宏观，如智慧城市、智慧水务等。

智能是智慧的基础，智慧是智能的高级阶段。

智慧水务涉及众多关联技术，并协同、迭代发展：

自动化：指机器设备、系统或过程（生产、管理过程）在无人或少人的状况下，按照人的要求，经过自动检测、信息处理、分析判断、操纵控制，实现预期目标的过程。

信息化：指基于业务的流程梳理、数据标准化，通过信息技术手段加以固化，实现业务流程执行的高效性和一致性。其特点是记录关键节点的事件数据。

数字化：将传统信息化和自动化系统有效集成在一起，实现数据流动与共享，提高决策的科学性、准确性和高效性。其特点是成熟的数据感知能力、数据采集能力、数据计算能力和数据分析能力。

智能化：指基于新一代信息通信技术与人工智能、大数据技术的深度融合，实现系统的自感知、自学习、自决策、自执行和自适应的功能。

6.2.2.1　夯实水务行业数据基础，实现数据资源化

推进水务地理信息系统全覆盖，引导BIM在水务工程的应用普及推广先进实用的在线监测技术与装备，全面采集关键数据，创建完善的智慧水务标准体系，优先完成一批行业重点标准，推广行业最佳实践案例；构建水务行业互联网等信息基础设施，深化云计算、大数据、人工智能、5G/6G、边缘计算等新一代信息通信技术与水务行业的融合。

到2035年，地理信息系统的建设率应达到100%，优先使用“北斗”定位系统

进行测量，系统基本覆盖必要的业务应用相关基础信息，数据精度满足国家规范要求，数据（设备设施维护维修及更新改造）实现实时动态更新。大力推进 BIM 技术的推广应用，超大城市、特大城市和大城市水务行业工程项目 BIM 应用普及率达到 100%。感知层数据"应采尽采"，超大城市和特大城市在线监测覆盖率达到 100%，大城市达到 90%，基本实现"物在线"。

6.2.2.2 发展行业先进控制技术，实现水务设施控制智能化

在控制模型方面，将先进控制理论与水务行业结合，通过自控技术、智能技术与水务行业需求的深度融合，归纳、集成、转化为水务行业先进控制模型；在智能化设备方面，推动水务配套装备采用先进的传感、通信等技术实现产业链的进步和突破，通过可感知、可控制、可优化、具有自主性的智能装备在水务行业的广泛应用，以应用带动水务配套产业链升级，实现全业态关键环节的智能控制。

到 2035 年，大城市及以上城市应基本实现自动/智能控制（自动/智能控制覆盖度 95%）；中等城市和小城市及以下：饮用水领域，自动/智能控制覆盖度要求达到 95%，城镇水环境及排水防涝的自动/智能控制覆盖度要求达到 90%。

6.2.2.3 打造智慧管理工具，实现水务管理与服务精准化

通过信息技术、智能技术与水务行业管理的深度融合，创新水务行业管理新模式，研发一批符合水务行业需求的智能化水务运营与管理软件，利用水力水质模型或者相关运营和管理软件，实现对城镇水务相关业务数字化精准管理。饮用水安全领域设置客户服务系统、SCADA 系统、漏损控制系统等；城镇水环境领域设置污水厂运行管理系统、管网养护系统、水环境监管系统等；排水防涝领域设置城市防汛管理系统等。服务与信息公开包括线上信息发布与收集和业务办理服务，城镇水务公告、水价信息、缴费、爆管漏损、积水点信息推送等服务，实现"业务零跑腿""水务信息随手查、反馈信息随手报、缴纳费用随手办"。

到 2035 年，数字化管理、服务与信息公开覆盖率中等城市和小城市达到 80%，大城市达到 90%，超大城市和特大城市达到 95%，基本实现"人在线、管理在线、服务在线"。

6.2.2.4 构建多目标水务信息系统，实现水务决策智慧化

开发具有自主知识产权的多维度、多目标复杂水务业务模型与算法。有条件的地区，水务企业在普及信息化、数字化的基础上，全面启动并逐步实现智能化转型，实现科学预判与规划、调度及应急管理，助力企业、行业、政府的决策智慧化。构建多

维度、多目标复杂智慧水务模型，包括厂网调度模型、雨情水情模型、水资源与供水量预测模型、城市污水收集处理与受纳水环境模型、排水防涝模型、应急情景与预案等城市信息模型系统（CIM）。

到 2035 年，超大城市和特大城市，模型驱动的决策系统应用率力争达到 95%。

6.2.2.5　建立智慧水务网络安全体系

通过构建网络安全技术、管理和运营体系，实现城镇水务部门网络安全威胁感知预警。通过对关键信息基础设施进行网络安全等级测评，推动水务网络保护等级满足“网络技术安全等级保护 2.0”第二级及以上要求（关键信息基础设施指一旦遭到破坏、丧失功能或数据泄露，可能危害国家、国计民生、公共利益的网络安全保护对象）。

到 2035 年，水务行业网络安全等级，超大城市和特大城市网络安全达标率为 80%，大城市为 70%，中等城市和小城市为 60%，实现市、区水务部门网络安全攻防演练全覆盖。

6.3　路 径 与 方 法

6.3.1　实施路径

基于水务行业的特点，智慧水务的实施路径可分为四个阶段：夯实基础阶段、初期应用阶段、集成应用阶段和全面推进阶段，见图 6-1。

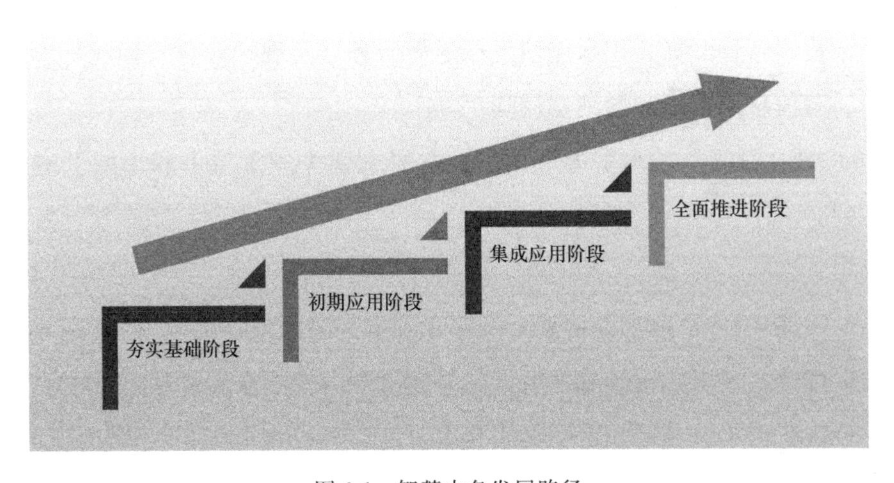

图 6-1　智慧水务发展路径

6.3.1.1 夯实基础阶段：加强智慧水务整体规划设计，筑牢基础

夯实基础阶段应做好整体规划，制订智慧水务系统发展策略，构建水务信息采集和数据处理设施及系统，为智慧水务持续发展奠定基础。本阶段主要推进以下四方面工作。

1. 制定智慧水务中长期发展规划

规划内容应涵盖企业的业务架构、数据架构、应用架构及技术架构，并保证年度更新迭代，确保规划对工作的指导作用。

2. 构建数据治理标准体系

建立基础共性标准与规范，重点包括：术语定义、参考模型、元数据、数据交换、对象标识注册与解析等数据治理基础标准。建立体系架构、安全要求、管理和评估等信息安全标准。数据采集及数据应用的框架模型与平台、远程运维服务、水务行业及相关行业数据共享的标准规范等。

3. 推进基础数据管理工作

完善城镇地理信息系统建构，推进地理信息系统和水务业务系统的深度融合，实现水务一张图管理。优先使用“北斗”定位系统进行测量，数据精度满足国家规范要求，数据（设备设施维护维修及更新改造）实现实时动态更新、水务资产的空间管理，重点包括建立业务台账，台账信息中应包括基础属性信息（类型、材质、口径、所在道路等）、业务管理信息（使用年限、敷设方式、养护记录、维修记录等）。

完善BIM技术在水务行业应用的相关标准，形成较为完善的水务行业BIM标准体系，鼓励企业单位共同合作开展BIM与物联网、AI、5G等新技术的融合应用研究，并在示范工程中尽快得到应用实践，推动相关技术的落地、发展。

完善城镇水务基础数据库的建构，对感知层数据，如关键水质指标、流量、压力、液位、流速等指标根据业务需要进行合理布点、充分采集，实现“应采尽采”。监测指标和监测点设置满足智慧管控要求，监测频次应根据国家及行业相关标准、规范要求并结合管控需要进行合理设置。

4. 加强信息基础设施建设

加强水务行业互联网基础建设。基于5G/6G移动通信、低功耗广域网、IPv6、软件定义网络等新型技术的互联网设备与系统；水务行业互联网标识解析系统与企业级对象标识解析系统；基于IPv6、软件定义网络、时间敏感网络等新技术融合的工业以太网建设；覆盖装备、物料、人员、控制系统、信息系统等的水务无线网络

建设。

6.3.1.2 初期应用阶段：着力水务自动化智能化建设，渐进发展

初期应用阶段，特点是系统连成线，关键点靠人。本阶段企业层面已经具备了标准化、流程化、模块化、自动化的系统功能，数据间建立了有限集成，数据的一致性和及时性得到基本保障，系统应用覆盖大部分业务，工作开展上关键节点靠人。

实施方法上，可基于规划分步实施，有序建设。基于业务流和数据流建立数据集成关系，从自动控制到业务管理类，基本形成整个业务链的系统覆盖。具体包括以下三个方面：

1. 构建先进控制模型

构建水务行业相关控制模型，如预测控制模型、统计过程控制模型、模糊控制模型、神经控制模型、非线性控制模型、设备本地闭环控制模型、智能加药模型、智能曝气模型、智能配水模型、智能排泥模型、供水量预测模型等。发展工业控制软件，如高安全、高可信的嵌入式实时工业操作系统、智能测控装置及核心智能制造装备嵌入式组态软件等。

构建水厂及管网的数字模型，在数字空间对其进行仿真与模拟，具有数字孪生功能，用以指导物理空间的建设与维护。通过物理模型、传感器数据更新、运行状态等数据的实时交互，完成物理空间向数字空间的映射。在水厂及管网的全生命周期范围内，保证物理世界与数字世界的协调一致。实现基于数字空间的仿真、分析、数据积累及挖掘。基于模型计算结果，开发支持可视化仿真工具，以便更好地理解业务模型并能及时发现问题并修正。

2. 推进智能装备的应用

推进关键装备智能化，如感知层中低成本和长寿命的传感器、智能在线水质监测仪表、智能测量表计等；智能曝气设备、智能加药设备、智能水质化验装备、智能在线噪声测漏仪等，以及智能阀门、智能水泵、智能管道、智能井盖、智能节水型用水器等。结合先进控制及人工智能等技术，开发新型先进装备，包括水务机器人类，如客服类（如软件客服或者服务导航机器人）、运营控制类（如自动加药机器人）、巡检类（如轨道式或自行走式智能巡检机器人）、水质监测类（如水质监控机器人）、操作类（如危险空间作业、河道运维、管道运维、管网泄露机器人）等；无人机类，如水质监控无人机、巡检无人机等；自动驾驶类，如自动驾驶巡检车等；虚拟、增强、混合现实系统类，如辅助现场人员进行复杂业务操作的系统等。

3. 开发应用相关软件

开发应用相关软件，包括设计与工艺仿真软件。如计算机辅助类软件、基于数据驱动的三维设计与建模软件、数值分析与可视化仿真软件、模块化设计工具以及专用知识、模型、零件、工艺和标准数据库等。

业务管理软件。如智慧水厂管理软件、智慧管网管理软件、智慧水环境管理软件、智慧客户服务管理软件、企业资源管理软件等。

数据管理软件。如嵌入式数据库系统与实时数据智能处理系统、数据挖掘分析平台、基于大数据的智能管理服务平台等。

6.3.1.3 集成应用阶段：建立智慧水务系统平台，形成体系

平台应用阶段，特点为系统形成面，业务实现全数字化，少人干预。本阶段智慧水务体系已基本建成，从规划、设计、建设、运维、安全、监管、服务等全流程提供赋能支持。利用企业经营的数字映射、计算机3D、VR及仿真等信息技术，数据实时更新和传输，实现企业数据全集成，产业链数据全集成，实现水务业务云化、平台化和服务化。本阶段已全面实现全自动化，主要以监控为主，人少干预。可从以下四个方面进行：

1. 加强大数据基础设施建设

依托国家数据共享交换平台、数据开放平台等公共基础设施，建设水务行业领域大数据基础信息数据库，支撑水务行业大数据应用。整合社会水务相关数据平台和数据中心资源，形成水务一体化服务能力。

2. 打造行业平台软件

整合并打造、推广一批符合水务行业需求的智能化水务运营与管理平台软件，提升水务行业的平台软件支撑能力。

3. 强化系统解决方案

强化和推广水务行业智能管理与决策集成化管理平台、跨企业集成化协同水务运营平台，以及包括监测感知与生产控制装备、数据传输、采集与处理、工业应用、安全等方面的综合智慧水务行业解决方案。

4. 推动信息安全体系建设

建立基于开发平台通信统一架构（OPC-UA，Open Platform Communication Unified Architecture）的安全操作平台、工业控制网络防护、监测、风险分析与预警系统、信息安全数字认证系统，可信计算支撑系统、可信软件参考库、工业防火墙、

工业通信网关、工业软件脆弱性分析产品、工控漏洞挖掘系统、工控异常流量分析系统、工控网闸系统等。

建立工业互联网安全监测平台、信息安全保障系统验证平台和仿真测试平台、攻防演练试验平台、在线监测预警平台、工控系统安全区域隔离、通信控制、协议识别与分析试验验证平台等平台，建立工业信息安全常态化检查评估机制、信息安全测评标准与工具。

6.3.1.4　全面推进阶段：打造完善的智慧水务业务系统，全域推广

全面推进阶段，特点是业务执行全面实现智慧化自主运行，基本排除人为干扰。此阶段，水厂内各类设备、仓储、厂内运输等自身均为智能体，通过网状互联实现任意两点的实时数据交互并自主决策实现工艺运行及维修维护；厂网方面各种设备设施、坝闸站、仓储物流等具备自主通讯协同调度功能，厂网系统已具备自治能力，人工智能（AI）应用广泛普及，构建功能强大的水务大脑。建立企业级或城市级水务大脑，使其具有处理海量数据和复杂应用场景的功能。

推动建设具有自主知识产权的多维度、多目标复杂水务业务模型，包括水力模型、水质模型、拓扑模型和管理模型、雨洪分析模型、输配水管网模型、城市用水调度模型、客户分析模型、区域厂网一体化调度模型等。

基于业务模型研究各种参数的近似概率分布，研究模型的最优求解算法，以支持每种模型的快速寻优求解并能高度拟合实际。

构建知识图谱。把水务行业复杂的知识领域和知识体系通过数据挖掘、信息处理、知识计量和图形绘制显示出来，呈现其发展动态及规律，构筑整个水务大脑的知识库。

运用智能感知、物联网、大数据等先进技术，采集水务完整数据，并进行集中管理、分析、应用，实现政府全方位的大数据智慧监管和风险智慧防控，同时形成完善的数据资产，为智慧城市建设提供基础数据。

6.3.2　重点应用领域

现阶段，智慧水务正处于从基础阶段向初始应用阶段过渡的时期，水务行业基础数据采集工作已全面开展，标准体系正逐步构建，关键设备已基本实现自动化，相关模型软件等正积极开发并部分有了初步应用，各项工作开展正从以人为主开始向关键节点靠人的转变，逐步向高阶段迈进。

6.3.2.1 饮用水安全

构建从水源到客户终端龙头的智能感知体系；建设安全高效、智能运营的供水厂；优化输配管网运行质量，实现科学调度；搭建智能客服平台，建设高效、均等、主动的供水服务体系，为客户提供优质服务。

城镇供水企业应按照整体规划、分步实施的路径建立基于一体化平台、数据即时交互、充分共享的智慧供水综合系统。

水源地和供水厂可通过设置自动监测系统、自动控制系统、设备及资产管理系统、生产信息管理系统，对关键的净水工艺单元在自动化的基础上实现智能化管控。

建立基于北斗定位的供水管网地理信息系统、科学调度系统、漏损控制系统、二次加压监控系统，通过管网水力模型的模拟仿真，实现优化运行调度、压力管控与节能、漏损控制、水质水龄控制、防止爆管及事故抢修等；同时实现对管网运行状态进行自动诊断和评估，形成管网优化与改造方案。对于重大的环境污染事件、制水工艺和供水环节中的异常突发事件，建立自动应急响应机制，具备在线预警、系统分析监测数据、自动生成应急方案、在线调整水厂运行工艺、分析排查水质异常原因等功能。

服务与信息公开可设置客户呼叫系统、客户服务系统（涵盖营业收费、客户管理、表务管理、客户报装多功能模块及网上业务办理）、远程水表管理系统、网上营业厅系统等，通过智能客服模型、客户需求分析模型等应用，实现高效、均等、主动、贴心的服务。

1. 智能感知，建立从水源到客户终端的全方面采集监测体系

建设基于北斗定位体系的城镇供水地理信息系统，基本覆盖必要的饮用水业务应用相关基础信息，精度满足国家规范要求，数据（设备设施维护维修及更新改造）实现动态更新，实现标准、规范和全面的地理信息采集。表6-2所示为饮用水安全地理信息系统要求。

饮用水安全地理信息系统要求 **表6-2**

项目	基本要求
基础信息	至少包括管径、标高、埋深、管材、阀门、消防栓、阀门井、水表井、检查井、原水取水点、供水厂、泵站、测压测流测质点、建设年代、敷设方式等基础信息
勘测范围	在存量勘测上，应包含 *DN*50mm 及以上管网信息，有条件的城市可进行全网普查，包括水表定位普查等。新增管网等设备设施信息宜按竣工验收材料要求及时录入系统

智慧水务中BIM的应用侧重于空间、系统拓扑以及与运维数据的关联。以BIM模型为载体，将饮用水安全领域业务中的实时运行信息、BIM模型信息、日常运维

信息等多源信息进行融合，实现数据的广泛互联与深层次挖掘，实现水务企业生产运维的可视化、精细化管理，提升其运行维护管理水平。

饮用水安全BIM应用要求　　表6-3

类型	基本要求
建模范围	新建的原水管网、供水管网、泵站和水厂以及已有管网等设备设施的模型宜根据CIM平台要求及时创建
信息要求	BIM模型融合设计施工信息、设施设备运行监控信息、设备资产信息、巡检信息、维修养护信息、安防信息、库存信息、采购信息等
模型单元深度等级	模型单元精细度不宜低于LOD3.0，模型单元几何表达精度不宜低于G3
功能应用	CIM级应用、设备资产管理、隐蔽工程管理、场景漫游、可视化参观和培训、应急响应等

应根据水源特点、水厂工艺、管网状态、供水服务、客户特点，合理设置测压、测质、测流、测温等，测量点位和数量应确保感知系统获取数据的密度、频率和准确度的要求，建立城镇供水智能感知体系，实现多断面、全方位、工艺全流程在线监测；普及客户侧智能水表应用，提高数据准确性。表6-4所示为饮用水安全在线监测指标与要求。

饮用水安全在线监测指标与要求　　表6-4

类型	监测指标	具体要求
原水	流量、水质(包括pH、浊度、水温、溶解氧和高锰酸盐指数)	常规项目在线监测应涵盖城市供水所有水源集中取水点；中等以上城市应设置原水水质在线毒理性监测；对于有特定污染物或特定污染风险的城市水源，应在线监测特定污染物或特定污染风险水质指标；对于采用不同类别水源(如地表水、地下水等)，应根据相应标准或规范要求设置对应的在线水质监测指标，满足国家及行业相关标准、规范要求及运行管理控制需要
供水厂	流量	进水、出水、关键构筑物配水、加药量等
	水质(包括浊度、pH、余氯等)	进水、沉后水、滤后水和出厂水水质监测；出厂水增加余氯指标等
	液位	滤池、储药池和清水池
	压力	主要为出厂水。对于同一个供水厂有多个供水泵房或多条单独出厂管的，应全面涵盖
供水管网(包括二次加压设施)	流量	管网流量监测点应满足管网运行状态监控和计量分区需要，并涵盖管网上的加压设备
	压力	其中压力检测设置分别为：超大城市和特大城市不低于1点位/(3～5)km^2；大城市不低于1点位/(2～3)km^2；中等城市和小城市、县城关镇不低于1点位/(1～2)km^2。 压力在线监测应涵盖管网上的加压设备
	水质(包括浊度、余氯、pH、电导率)	中小城市及以上在线水质监测不低于1点位/5万人口

2. 智能运行与管理，实现生产、输配、客服的安全高效、及时可达

城镇供水企业的运行控制系统应根据水源、水厂、管网、供水方式、客户需求的特点和要求保证用水安全可靠、供水连续平稳、服务及时可达。

(1)建设全自动化管理和安全高效运行的智能水厂

通过自动控制系统、设备管理系统的建设，基于历史运行大数据的分析和未来预测模拟，辅之以物联网、云计算等技术，形成加药、排泥、反冲洗等关键环节智能模型，实现供水厂运行优化和辅助决策支持，保证供水厂运行安全高效、水质稳定可靠。表6-5所示为饮用水的自动控制和智能控制指标范围与要求。

饮用水安全自动控制和智能控制指标范围与要求　　表6-5

项目	内容	基本要求
自动控制	根据规模、控制和节能要求配置自动控制系统，并能实现取水-水厂-管网加压设备的自动化控制	1. 实现自动化控制的生产工艺一般包括(但不限于)：取水泵控制、加药及消毒控制、沉淀池排泥控制、滤池恒液位控制、滤池反冲洗控制、膜系统清洗控制、供水泵及加压泵控制等。 2. 主要自控环节控制精度和响应时间以满足工艺需求为准，但至少满足以下要求： (1) 恒液位控制误差绝对值≤5cm，实现时间≤10min； (2) 恒压力控制误差绝对值≤0.02MPa，实现时间≤5min； (3) 出水余氯误差绝对值≤0.05×10^{-6}，实现时间≤120min； (4) 滤池反冲洗可自动排序，自动执行反冲步骤
智能控制	饮用水处理的关键环节(加药、反冲洗、消毒)	智能控制通过采用前馈、反馈模型、模糊控制等手段，实现各关键工艺环节调整更及时、工艺更稳定、水质更优、运行更经济，达到少人或无人运行管理目标。 1. 加药：在智能控制建模或模型优化过程中，应考虑(包括但不限于)水量、进出水水质、药剂(包括预处理药剂、混凝剂、助凝剂等)种类和投加量、各工艺环节水力条件、沉淀池排泥、后混凝、内控指标等相关因素，制定最优加药解决方案及综合策略。 2. 滤池反冲洗：在智能控制建模或模型优化过程中，应考虑(包括但不限于)进出水质、处理水量、阻塞值、初滤水水质、各不同冲洗阶段时间、冲强、峰平谷电价等相关因素，制定最优滤池反冲洗解决方案及综合策略。 3. 消毒：在智能控制建模或模型优化过程中，应考虑(包括但不限于)水量、进出水水质、消毒药剂种类和 *CT* 值、管网末梢消毒剂余量、消毒副产物指标、国家标准和内控指标等相关因素，制定最优的消毒环节解决方案及综合策略

(2) 建设安全高效、优化调度的智能管网

基于数据信息准确、更新及时有效的管网地理信息系统，建立在线水力水质模型，结合全面感知体系实时数据，对管网的压力、流量状态进行计算，通过模型模拟，优化管网系统内流量及流速的控制逻辑，对管网状态可视化管理，结合供水量预测模型形成科学调度决策方案。

基于模型生成用水量预测、水厂规模和位置选择、输配水管网及加压泵站布设规划，促进供水规划的精准和有效性，并应建立供水规划与评估模型，进一步耦合业务模型、生产运行数据、专家经验、客户信息等数据，生成全面系统的整体运营方案，实现漏损智能分析、故障智能诊断、自动监测与管网维护等多方面应用。表6-6所示为饮用水安全的数字化管理和智慧化决策指标要求。

饮用水安全数字化管理和智慧化决策指标要求　　表6-6

项目	内容	要求
数字化管理	SCADA系统、漏损控制、资产管理等	企业员工应使用业务系统线上开展工作，水务资产与企业实现精细管理，水务行业实现高效治理
服务与信息公开	包括停水公告、水费信息、服务网点信息、服务动态、自助缴费、票据服务、报装预约服务、网上营业厅等	保障公众水务信息随时查，费用随手缴，上报信息随手报，提高线上办理对外服务业务水平
智慧化决策	供水智慧调度系统	实现情景分析、预判规划、优化调度及应急管理

（3）智能客服，实现线上办理及全自助服务

基于管理和业务流程优化、客服系统功能开发建设、服务线上化以及自助智能设备、远程水表系统部署，通过对客户信息大数据处理，结合或连接必要的第三方数据，使用机器学习等技术构筑用户画像，及时发布和收集水务信息，优化提升服务水平，为客户提供更主动、更灵活、个性化的全方位、全线上客户服务体验。

城镇供水企业的智能模型系统应能根据终端客户需求保证水源安全、生产工艺、管网运行、客户服务的预见和决策，并能够与政府智慧城市等相关指挥应急管理平台协同、交互和共享。

智慧供水综合系统以及相关的其他智慧水务系统（如智慧排水系统等）均是智慧城市的组成部分，应能兼容智慧城市信息构架体系，无缝接入智慧城市信息平台。

6.3.2.2　城镇水环境

构建城市水环境全过程数据感知体系；建设安全高效、智能运行的智慧污水厂；建立厂—网（站）联合调度一体化平台和实施控制体系；打通数据壁垒，实现智慧决策，赋能城镇水环境管理，全面提升水体景观和游憩功能。

城镇水环境智慧化应按照整体规划、分步实施的路径建立基于数据全面感知、厂网（站）智能运行、各要素统筹调度、数据共享的一体化平台。

建立排水管网地理信息系统、在线水质、液位和流量监测系统，建设实时控制系

统软、硬件环境；应用水下机器人、管网非开挖探伤等技术，及时巡查、清疏、修复，确保管网健康运行；通过管网水力模型的仿真模拟，进行科学调度、优化运行，实现稳定水质水量、污染物可溯源、降低管网渗漏的目标，有效发挥系统最大效能。

污水处理厂通过建设稳定高效的感知体系，应用智能设备、智能控制系统、大数据系统、专家诊断系统、线上生产调度平台等，实现降低运行能耗、药耗，提升处理水质、水量的目标。

通过构建网（站）—厂—受纳水体的城市河湖水系流域智慧管控调度机制，结合地理信息、遥感、无人机等技术，对汇水流域内排放口、重要断面、水动力等进行实时监控，依据城市水环境和水患防治要求建立水环境模型，实现城市水体水清岸绿、鱼翔浅底的良好生态环境与景观目标。

1. 全过程数据感知与获取

推动地理信息系统建设，基本覆盖必要的城镇水环境领域设施及业务应用相关基础信息，精度满足国家规范要求，数据（设备设施维护维修及更新改造）实现动态更新，实现标准、规范和全面的地理信息采集。表6-7所示为城镇水环境地理信息系统要求。

城镇水环境地理信息系统要求 **表6-7**

项目	基本要求
基础信息	包括管径、标高、埋深、管材、闸门、检查井、排污口、泵站、污水厂（各工艺段）、测质测流测压点（液位）、建设年代、敷设方式等基础信息
勘测范围	在存量勘测上，应包含*DN*200mm及以上管网信息，有条件的城市可进行全网普查，包括排污口调查、排河口调查等。新增管网等设备设施信息宜按竣工验收材料要求及时录入系统

推进BIM技术在城镇水环境领域的应用。以BIM模型为载体，将城镇水环境领域业务中的实时运行信息、BIM模型信息、日常运维信息等多源信息进行融合，实现数据的广泛互联与深层次挖掘，实现企业生产运维的可视化、精细化管理，提升其运行维护管理水平。表6-8为城镇水环境BIM应用要求。

城镇水环境BIM应用要求 **表6-8**

类型	基本要求
建模范围	新建的排水管网、泵站和污水厂以及已有管网等设备设施的模型宜根据CIM平台要求及时创建
信息要求	BIM模型融合设计施工信息、设施设备运行监控信息、设备资产信息、巡检信息、维修养护信息、安防信息、库存信息、采购信息等
模型单元深度等级	模型单元精细度不宜低于LOD3.0，模型单元几何表达精度不宜低于G3
功能应用	CIM级应用、设备资产管理、隐蔽工程管理、场景漫游、可视化参观和培训、应急响应等

建立完善的数据采集系统，满足采集密度和精度要求的传感网络，实现水环境系统全要素智能监控感知。建立数据收集、清洗、存储和大数据分析等系统，数据采集在对象上涵盖源的排放信息、水流的传输过程信息；在尺度上涵盖从排水汇水区、受纳水体到市域范围的数据；在类型上涵盖水—陆—空的系统数据，形成完整的监测大数据库。实现数据全面、及时、准确获取。表6-9所示为城镇水环境在线监测指标与要求。

城镇水环境在线监测指标与要求 **表6-9**

类型	监测指标	具体要求
污水处理厂	流量	包括但不限于进出水流量、各系列构筑物及多点配水量、回流量等
	水质（包括进出水 COD_{Cr}、氨氮、总氮、总磷、SS、pH、水温）	监测位置在进水口、出水口，并根据规范要求设置相关报警装置
	过程控制指标	监测位置包括但不限于生物池（溶解氧、ORP、MLSS）、二沉池（泥位）、各类泵房储药池储泥池（液位）
管网	液位、流速、流量、电动闸门、泵	排水管网关键节点，包括排水泵站、管网中流量变化频繁的位置等
入河排口	水质（SS等）、水量	污水处理厂尾水、雨水入河排放口等

2. 污水厂的智能运行

智慧污水厂应建设完善的数据感知、采集、传输和存储系统，实现自主分析、判断、优化、调整工艺。开发应用具备协调、重组、扩充特性以及自我学习、自我调整的工艺设备、仪表。配备可独立承担分析、判断、决策等任务的全流程智能控制系统。建立先进控制与工艺机理充分融合的厂站模型，实现核心工艺环节的智能控制，如设备本地闭环控制模型、多层串级反馈控制模型、智能加药模型、智能配水模型、智能回流模型、智能排泥模型、水量预测模型、工艺参数调控模型、泵站运行优化模型、泵站水位智能控制模型、泵站电网峰谷平错峰运行模型等。在简单重复作业和危险作业过程如加药、巡检、有限空间操作等应用水厂机器人。通过污水厂站的智能运行和先进智能控制设备的应用，实现节能降耗，系统运行高效，出水水质稳定达标等要求。表6-10所示为城镇水环境自动控制和智能控制要求。

通过先进水务工艺模型和智能控制的深度融合，积极探索构建包括微藻技术、短程脱氮技术、反硝化除磷技术、厌氧氨氧化技术、好氧颗粒污泥技术、磷回收技术、廉价化学脱氮技术、硫自养脱氮技术等高效节能的污水处理新工艺模型。

城镇水环境自动控制和智能控制要求　　表 6-10

项目	内容	基本要求
自动控制	对厂、泵站在内的污水处理排放系统的全部工艺流程和设备进行自动化控制，实现监视和控制	1. 实现自动化控制的生产工艺一般包括（但不限于）：污水泵站控制、格栅控制、加药控制、生化池工艺控制、沉淀池排泥控制、滤池控制、膜系统控制、污泥脱水控制等。 2. 主要自控环节控制精度和响应时间以满足工艺需求为准，但至少满足以下要求： （1）恒液位控制误差绝对值≤10cm，实现时间≤20min； （2）恒流量控制误差绝对值≤5%，实现时间≤10min； （3）溶解氧控制日平均值偏差≤1mg/L； （4）滤池反冲洗可自动排序，自动执行反冲洗步骤； （5）膜产水和反冲洗实现全自动运行； （6）污泥脱水系统可联动运行，远程调节，少人值守
智能控制	污水处理的关键环节（提升、加药、曝气、反冲洗）	智能控制通过采用前馈、反馈模型、模糊控制等手段，实现各关键工艺环节调整更及时、工艺更稳定、运行更经济，达到少人或无人运行管理目标。 （1）提升：泵房液位智能控制结果与目标值偏差不超过 10cm，同时实现预期控制策略，如峰平谷电价策略、低水位运行策略等； （2）加药：包括碳源、除磷药剂、絮凝剂、酸碱中和药剂、消毒剂等各类水处理药剂，药剂对应其解决目标指标的智能控制结果与目标值的偏差不超过 20%，甚至更低。 （3）曝气：溶解氧智能控制结果与目标值的偏差不超过 0.5 mg/L； （4）反冲洗：滤池反冲洗智能控制结果应使滤池产水率不低于 95%

3. 网（站）—厂—受纳水体信息共享与联合调度

通过建立水环境综合管理平台和智慧决策平台，结合地理信息、遥感等技术，对管网（站）、厂、河道和湖泊进行联合科学调度，实现超标排水溯源，稳定管网和水厂的水质水量，提升城市河湖水质，降低系统能耗的目标。表 6-11 所示为城镇水环境数字化管理和智慧化决策指标要求。

城镇水环境数字化管理和智慧化决策指标要求　　表 6-11

项目	内容	要求
数字化管理	污水厂运行、管网运行养护、资产管理、水环境监管等	企业员工应使用业务系统线上开展工作，水务资产与企业实现精细管理，水务行业实现高效治理
服务与信息公开	水体环境信息公开、排水单位费用缴纳、新增排水户排放预约办理、公众及时举报违规排放信息等	实现水务信息随时查，费用随手缴，上报信息随手拍、随手报，提高公众服务业务线上办理水平
智慧化决策	厂网河（湖）综合智慧调度管理系统	实现情景分析、预判规划、优化调度及应急管理

6.3.2.3　城镇排水防涝

对源头减排设施、市政排水管渠、末端蓄排以及行泄通道、泵站、闸阀、污水厂等城市排水基础设施，通过普查形成包括地理位置、类别（污水、雨水或合流）、标高、管径等信息的可追溯的全市排水设施数据库，建立地理信息系统、管网状态（破损）管控系统，依托大数据共享交换平台，建设覆盖装备器材、物料、人员、应急系统等的城市信息模型系统（CIM），实现城市水务数据与地方各部门数据共享、数据服务和数据调用，对城市范围内的排水基础设施等相关系统进行综合管理调度，实现城市小雨不积水、大雨不内涝、暴雨不成灾。

推动市政、气象、水文、水利、交通、园林等相关部门之间特征数据的有效共享，建立更为全面、先进的数据感知体系和雨情、水情实时监测预警预报系统，对极端强降雨等情况进行及时预警。

采用联合调度各类调蓄设施以及其他生态型调蓄设施（如湿地、坑塘、公共绿地等）智能管理系统，实现蓄排结合的排水防涝智慧体系。建立涵盖源头减排、排水管渠、排涝除险，并与城市防洪系统相衔接的排水防涝设施全过程计算方法和计算模型。包括排水管网模型、地表径流模型、海绵设施模型、河道湖泊模型等。依托大数据水务模型架构，实现高精度气象水文预报数据、降雨与产汇流数据、排水设施运行数据的动态接入与集成。进行实时在线模拟，预测区域内在各种雨情下、不同调度方案的排水防涝状况；通过直观模拟多种调度方案的情景比对分析，优化调度方案。

有序开放公众关心的涉水数据，并建设移动终端APP等工具向市民发布和推送涉水交通警示、内涝预警信息等，方便公众即时查看实时雨量水位和图像信息的系统。

1. 实现设施系统运行、雨情、水情感知全覆盖

推动地理信息系统建设，优先使用“北斗”定位系统进行测量和地理信息采集，基本覆盖必要的排水防涝设施与业务应用相关基础信息，精度满足国家规范要求，数据（设备设施维护维修及更新改造）实现动态更新。表6-12所示为城镇排水防涝地理信息系统要求。

城镇排水防涝地理信息系统要求 **表6-12**

项目	基本要求
基础信息	排水管网及入河排水口闸门、检查井、泵站等管材、管径、标高、埋深、建设年代、敷设方式等基础信息及测质测流测压点等信息
勘测范围	在存量勘测上，应包含*DN*200mm及以上管网信息，有条件的城市可进行全网普查。新增管网等设备设施信息应按竣工验收资料要求及时录入系统

推进BIM技术在城镇排水防涝领域的应用。以BIM模型为载体，将城镇排水防涝领域业务中的实时运行信息、BIM模型信息、日常运维信息等多源信息进行融合，

实现数据的广泛互联与深层次挖掘，实现水务企业生产运维的可视化、精细化管理，提升其运行维护管理水平。

城镇排水防涝 BIM 应用要求　　表 6-13

类型	基本要求
建模范围	新建的排水管网、闸门、泵站和调蓄设施以及已有管网等设备设施的模型宜根据 CIM 平台要求及时创建
信息要求	BIM 模型融合设计施工信息、设施设备运行监控信息、设备资产信息、巡检信息、维修养护信息、安防信息、库存信息、采购信息等
模型单元深度等级	模型单元精细度不宜低于 LOD3.0，模型单元几何表达精度不宜低于 G3
功能应用	CIM 级应用、设备资产管理、隐蔽工程管理、场景漫游、应急响应等

对城市河道水位、重要排水管渠节点和设施的运行水位、城市下穿立交道路、低洼点、历史易涝点等区域的道路积水等进行在线监测和数据实时采集，并结合天气预报等雨情、水情信息构建内涝情景仿真模型；与道路导航系统结合实现内涝信息共享，以便为市民提供实时避让和绕行方案。

实时监测城市排水去向范围内河流、湖泊、坑塘和地下水饱和度情况，监测点位和数量应确保感知系统获取数据的密度、频率和准确度的要求，实现雨情与城市排水受纳河流、湖泊、坑塘等的水情和水质感知全覆盖。表 6-14 所示为城镇排水防涝领域在线监测指标与要求。

城镇排水防涝领域在线监测指标与要求　　表 6-14

类型	监测内容	要求
泵站	泵房液(水)位、水泵轴温、震动量、电流等参数	所有泵站均设置
调蓄设施	调蓄设施液(水)位、入流流量、出流流量	所有调蓄设施均设置
易涝积水点	液位、视频监控等	所有易涝积水点均设置
雨量站/雨量观测场	各历时降雨量	所有雨量站/雨量观测场均设置
排水受纳水体	排水口水位及水质(SS)、水体水位等	选择代表性的测点

2. 排水设施的自动运行

结合雨情、水情和排水设施蓄排能力，通过排水防涝设施系统控制软硬件系统，实现多模式的排水防涝自动管控。排水设施主要为雨水泵站、调蓄设施、闸阀等，主要对自动控制进行要求，见表 6-15：

城镇排水防涝自动控制指标范围与要求　　表6-15

项目	内容	基本要求
自动化控制	对闸阀、调蓄设施、雨水泵站、雨水管网运行等关键设施进行自动化控制	雨水泵站、调蓄设施、闸阀等宜采用“少人(无人)值守，远程监控”的控制模式，在监控中心进行远程监视、控制和管理。现场控制系统实现自动切换、启停、故障报警

3. 数字化管理与智慧管控

在智能化的基础上，结合人工智能技术实现城市排水防涝的智慧化管控。表6-16所示为城镇排水防涝的数字化管理和智慧管控指标要求。

城镇排水防涝数字化管理和智慧管控指标要求　　表6-16

项目	内容	要求
数字化管理	城市排水防涝资产管理、应急装备器材与物资等	企业员工使用业务系统线上开展工作，水务资产与企业实现精细管理，水务行业实现高效治理
服务与信息公开	易涝积水点信息推送及信息收集	实现水务问题随时查，上报信息随手拍、随手报，提高排水防涝公众服务水平
智慧化决策	排水防涝智慧调度系统	实现情景分析、预判规划、优化调度及应急管理

附　　录

城镇水务 2035 年行业发展规划纲要指标说明

序号	内容	指标	2035 年规划目标	条文编号	制定依据	指标说明
1		取水保证率	≥95%(特殊情况≥90%)	2.2.2.1	《城镇给水排水技术规范》GB 50788－2012	当水源为地表水时，设计枯水流量保证率和设计枯水位保证率不小于95%，特殊情况不小于90%
2	饮用水安全	水源水质检测频率	>1 次/月	2.3.1.1	《城镇供水厂运行、维护及安全技术规程》CJJ 58－2009 2.4　水质检验项目和频率 地表水：现行国家标准《地表水环境质量标准》GB 3838 中规定的水质检验基本项目、补充项目及特定项目每月不少于 1 次；地下水：现行国家标准《地下水质量标准》GB/T 14848 中规定的所有水质检验项目每月不少于 1 次	基本检测频率的执行是及时掌握水质是否发生变化的根本制度保障
3		出厂水高锰酸钾指数	<3mg/L(有条件的地区<2mg/L)	2.2.2.2	1.《生活饮用水卫生标准》GB 5749－2006 出厂水高锰酸钾指数<3mg/L； 2.《浙江省现代化水厂评价标准》(2018 版) 出厂水高锰酸钾指数<2mg/L	高锰酸钾指数是综合反映水质有机污染程度的指标

续表

序号	内容	指标	2035年规划目标	条文编号	制定依据	指标说明
4	饮用水安全	出厂水浊度	＜0.5NTU(鼓励供水服务人口超过100万的城市，出厂水浊度控制在0.3NTU以下，有条件的地区＜0.1NTU)	2.2.2.2	1. 上海市地方标准《生活饮用水水质标准》DB 31/T 1091－2018规定饮用水的浑浊度＜0.5NTU； 2. 深圳市地方标准《生活饮用水卫生标准》DB 4403/T 60－2020规定深圳市公共供水的浑浊度＜0.5NTU； 3.《浙江省现代化水厂评价标准》(2018版)规定出厂水浑浊度＜0.1NTU	浊度是控制饮用水水质质量的关键指标，对水质的消毒效果和卫生安全性至关重要
5		龙头水水质	达到《生活饮用水卫生标准》(GB 5749)的要求	2.2.2.2	《生活饮用水卫生标准》GB 5749－2006	根据《生活饮用水卫生标准》GB 5749－2006，应确保龙头水水质达到符合饮用的基本要求，而不仅是出厂水、管网水水质
6		龙头水压力	0.08～0.10MPa	2.2.2.2	1.《城镇供水厂运行、维护及安全技术规程》CJJ 58－2009 制水生产工艺应保证连续地向城市供水管网供水，符合当地政府制定的相关规定，保证管网末梢压力不应低于0.14MPa。 2.《建筑给水排水设计标准》GB 50015－2019 卫生器具的工作压力要求一般为0.1MPa	量、质、压是保证用户龙头水的基本综合服务质量要求。此次规划对终端龙头水的压力提出了明确要求，而未对管网提出压力要求。各地应根据当地的地形地貌、管网运行及漏损控制、建筑高度与布局二次加压设施布局等情况，自行确定出厂、管网、二次加压设施等压力分布，确保用户龙头水的压力
7		应急供水能力	≥7天	2.3.1.2	《水利部、住房城乡建设部、国家卫生计生委关于进一步加强饮用水水源保护和管理的意见》(水资源〔2016〕462号) 人口在20万以上的城市，都应建有饮用水备用水源并保证可正常启用。没有饮用水备用水源的城市，原则上应具备至少7天应对突发事件的应急供水能力	提高饮用水安全保障，及应对突发事件的应急供水保障

续表

序号	内容	指标	2035年规划目标	条文编号	制定依据	指标说明
8	饮用水安全	供水管网更新改造率	>2%/年	2.3.2.3	《水污染防治行动计划》、《城镇节水工作指南》 对使用超过50年和材质落后的供水管网进行更新改造	为了确保供水水质和管网的安全运行，按照管网正常使用寿命50年进行换算的，但并不意味着50年后管网失效
9		供水管网漏损率	<10%	2.3.2.3	1.《水污染防治行动计划》《城镇节水工作指南》 供水管网漏损控制目标：到2017年，全国城市公共供水管网漏损率控制在12%以内；到2020年，控制在10%以内。 2.《城镇供水管网漏损控制及评定标准》(CJJ 92-2016) 城镇基本管网漏损率一级为10%	供水管网漏损率控制既是反映水司管理水平的指标，也是节约水资源、节能降耗的要求
10		供水管网事故率	<0.2件/(km·年)	2.3.2.3	依据国际同行的惯用管理指标，参照国内外城市经验，提出该指标	供水管网事故是指供水管道发生突发性爆裂，表征上存在管网水冒出地面的情形，对区域供水水量、水压有一定影响或路面积水对交通造成了较大影响的突发性事故。 供水管网事故率=每年发生事故次数/供水管网长度(km)比值

续表

序号	内容	指标	2035年规划目标	条文编号	制定依据	指标说明
11	城镇水环境	旱天污水处理厂进水BOD_5浓度	>150mg/L	3.2.2 第一段	《城镇污水处理提质增效三年行动方案(2019－2021年)》 城市污水处理厂进水生化需氧量(BOD)浓度低于100 mg/L的，要围绕服务片区管网制定"一厂一策"系统化整治方案，明确整治目标和措施	1.《城镇污水处理提质增效三年行动方案(2019－2021年)》要求城市污水处理厂进水生化需氧量(BOD)浓度不低于100mg/L，到2035年，应该制定更高的目标。 2.我国接近68%的城镇污水处理厂年均进水BOD_5浓度低于100mg/L，占污水处理厂总规模的57%；其中40%的污水处理厂年均值小于50mg/L，占污水处理厂总规模的14%，远低于城市居民生活污染物的排放水平，与发达国家形成明显差距。如德国城镇污水处理厂进水BOD_5浓度平均为290mg/L，美国平均为250mg/L，中国香港平均在200mg/L以上，荷兰、新加坡、日本、韩国等国家的平均值也在170～180mg/L之间。因此提出2035年旱季进污水厂污水BOD_5浓度达到150mg/L以上，力争与亚洲水平看齐。该指标旨在提高污水收集系统的能力。 3.以2020年污水厂进水BOD_5浓度为100mg/L计算，即使未来每年增长5%，到2035年，应达到208mg/L，因此，可以说"到2035年旱季进污水厂污水BOD_5浓度达到150mg/L以上"的指标合理可达

续表

序号	内容	指标	2035年规划目标	条文编号	制定依据	指标说明
12	城镇水环境	城镇新建项目雨水年径流污染物总量(以SS计)削减率	>70%	3.2.2 第二段	《海绵城市建设评价标准》(GB/T 51345-2018) 新建项目年径流污染物总量(以SS计)削减率不宜小于70%，改扩建项目年径流污染物总量(以SS计)削减率不宜小于40%，或达到相关规划管控要求	近来研究和国际上实践表明，雨水径流污染对水环境影响非常大，海绵城市建设对雨水径流污染控制效果明显。该指标是水环境控制、海绵城市设计的基本指标
13		城镇改扩建项目雨水年径流污染物总量(以SS计)削减率	>40%			
14		溢流排放口年均溢流频次(年溢流体积控制率)	4～6次(>80%)	3.2.2 第二段	《海绵城市建设评价标准》(GB/T 51345-2018) 控制雨天分流制雨污混接污染和合流制溢流污染，并不得使所对应的受纳水体出现黑臭；或雨天分流制雨污混接排放口和合流制溢流排放口的年径流体积控制率不应小于50%	针对城市合流制溢流控制，美国主要以年均溢流频次、年均溢流体积控制率作为总体控制指标。美国多个州年均溢流频次控制标准设定为1～4次，年均溢流体积控制率为80%～90%，甚至更高。例如，美国宾夕法尼亚州费城市在其合流制溢流长期控制规划(2011-2036)中，提出用25年的时间，完成年均溢流体积控制率85%的控制目标；华盛顿州金县(King County)提出，预计到2030年，实现平均每年未经处理的溢流频次不超过1次的目标。我国池州市通过海绵城市试点建设，合流制区域年均溢流频次控制不超过15次、年均溢流体积控制率达到约70%。因此，从对合流制溢流总量控制的角度，借鉴美国相关标准和国内实际情况，提出到2035年，城市合流制溢流排放口的溢流排放口年均溢流频次控制在4～6次或年溢流体积控制率不小于80%

续表

序号	内容	指标	2035年规划目标	条文编号	制定依据	指标说明
15	城镇水环境	合流制溢流污染控制设施SS排放浓度的月平均值	<50mg/L	3.2.2第二段	《城镇污水处理厂污染物排放标准》GB 18918 SS一级A是10mg/L，一级B是20mg/L，二级标准是30mg/L，三级标准是50mg/L	针对合流制溢流排口的CSO处理设施，应规定污染物外排控制标准。例如，美国费城市、波特兰市CSO处理设施的TSS浓度排放限值分别规定为月均25mg/L、30mg/L。合流制溢流雨污水悬浮物浓度较高，考虑到处理设施为雨天、旱天交替运行，多采用一级强化处理工艺。不同城市CSO污染浓度受降雨径流、管网淤积状况等因素影响较大，参照《城镇污水处理厂污染物排放标准》(GB 18918)中针对三级污染物外排标准的要求，提出处理设施悬浮物(SS)月均排放浓度不超过50mg/L的要求
16		人体可直接接触类或休闲娱乐类城镇水体比例	>80%	3.2.2第三段	参考美国《清洁水法》	美国清洁水法提出：恢复和维持美国水体的化学、物理和生物完整性。由此衍生出两个国家目标：1)在1985年底实现污染物的零排放；2)若可能的话，所有水域在1983年7月1日实现水质的改善，使之保护鱼类、贝类和野生生物等水生生物的生长和繁殖以及可以让人在水中和水上安全地举行各种类型的休闲活动(简称为"可垂钓"和"可游泳"(Fishable和Swimmable)的水质要求)。参考美国对人体可直接接触类或休闲娱乐类城镇水体标准，提出2035年我国城镇水体远期目标，通俗易懂

续表

序号	内容	指标	2035年规划目标	条文编号	制定依据	指标说明
17	城镇水环境	旱天管道内污水平均流速	>0.6m/s	3.3.1.2	《室外排水设计规范》GB 50014-2006 污水管道在设计充满度下最小流速为0.6m/s	依据《室外排水设计规范》GB 50014-2006，提出该指标，确保管网的水力功能，防治淤积
18		污水管网淤泥厚度	淤泥深度不得大于管道直径的1/8	3.3.1.2	《城镇排水管渠与泵站运行、维护及安全技术规程》CJJ 68-2016 管渠允许积泥深度为管内径或渠净高度的1/5；排水管渠设施疏通后积泥深度不应超过管径或渠净高的1/8	污水管道应定期清淤，该指标参照《城镇排水管渠与泵站运行、维护及安全技术规程》CJJ 68-2016，提出淤积深度不超过管道直径1/8作为管网清淤的预警值，超过则需进行清淤
19		污泥有机质含量	>60%	3.2.2 第五段	《城镇污水处理提质增效三年行动方案(2019—2021年)》 城市污水处理厂进水生化需氧量(BOD)浓度低于100 mg/L的，要围绕服务片区管网制定“一厂一策”系统化整治方案，明确整治目标和措施	我国许多污水处理厂进水生化需氧量(BOD)浓度低于50 mg/L的，《城镇污水处理提质增效三年行动方案(2019—2021年)》要求BOD浓度低于100mg/L的，要围绕服务片区管网制定“一厂一策”系统化整治方案，明确整治目标和措施。污水BOD浓度的大幅提升，必将带来污泥有机质含量的增加。 我国污泥有机质含量处于29.2%～68.0%，均值为42.8%，中值为42.5%，显著低于欧美等发达国家污水厂污泥的有机质含量60%～70%。随着我国城镇污水处理提质增效技术的不断应用，污泥中有机质含量将不断升高，因此提出2035污泥有机质含量从现在的30%～45%，提升到60%以上

续表

序号	内容	指标	2035年规划目标	条文编号	制定依据	指标说明
20	城镇水环境	污泥稳定化和无害化处理率	达到100%	3.2.2第五段	1.《水污染防治行动计划》 要求现有污泥处理处置设施于2017年完成达标改造，2020年地级市污泥无害化处理率达到90%以上。 2.《"十三五"生态环境保护规划》 提出大力推进污泥稳定化、无害化和资源化处理处置，地级及以上城市污泥无害化处理处置率达到90%，京津冀区域达到95%	德国污水处理厂污泥已经实现100%稳定化处理。与此同时，综合考虑《"十三五"生态环境保护规划》中对污泥稳定化、无害化和资源化处理处置目标要求，经过15年的发展，到2035年，污泥无害化处理率提高到100%是必然趋势
21	排水防涝	城镇建成区雨水排水系统覆盖率	在2025年达到100%	4.2.2.2	《室外排水设计标准》GB 50014(未发布) 排涝除险设施的设计水量应根据内涝防治设计重现期以及对应的最大允许退水时间确定。内涝防治设计重现期应根据城镇类型、积水影响程度和内河水位变化等因素，经技术经济比较后按表的规定取值，明确相应的设计降雨强度，且应符合下列规定： 1. 人口密集、内涝易发且经济条件较好的城市，应采用规定的上限； 2. 目前不具备条件的地区可分期达到标准	按照《室外排水设计标准》(GB 50014)要求，目前不具备条件的地区可分期达到标准。在2025年前基本实现城镇建成区雨水排水系统覆盖率达到100%

续表

序号	内容	指标	2035年规划目标	条文编号	制定依据	指标说明
22	排水防涝	满足国家标准规定的雨水管渠设计重现期的城镇雨水排水系统的覆盖率	达到100%	4.2.2.2	《室外排水设计标准》GB 50014(未发布) 雨水管渠的设计流量应根据雨水管渠设计重现期确定，并应根据汇水地区性质、城镇类型、地形特点和气候特征等因素，经技术经济比较后按表的规定取值，明确相应的设计降雨强度，且应符合下列规定：1. 人口密集、内涝易发且经济条件较好的城镇，应采用规定的上限；2. 新建地区应按本规定执行，原有地区应结合海绵城市建设、地区改建、道路建设等校核、更新雨水系统，并按本规定执行	按照《室外排水设计标准》(GB 50014－2006)要求，原有地区应结合海绵城市建设、地区改建、道路建设等校核、更新雨水系统，并按标准规定执行。到2035年，应通过多措并举，按雨水管渠设计重现期标准提高排水管渠和泵站的排水能力，并实现满足国家标准规定的雨水管渠设计重现期的城镇雨水排水系统的覆盖率达到100%
23		城镇新开发建设项目原则上实现年径流总量控制率	>70%，且不高于开发前的要求	4.2.2.3	《国务院办公厅关于推进海绵城市建设的指导意见》 最大限度地减少城市开发建设对生态环境的影响，将70%的降雨就地消纳和利用。到2020年，城市建成区20%以上的面积达到目标要求；到2030年，城市建成区80%以上的面积达到目标要求	该指标已强调70%是针对新开发建设项目，而且年径流总量控制率并非外排，而是要求对径流进行总量、峰值和水质的控制，这个对于降雨量大或者地下水位高的地区，都是有相应措施可以实现的
24		城镇排水基础设施地理信息系统(GIS)建设	地级以上城市要在2025年前完成	4.2.2.4(1)	《国务院办公厅关于做好城市排水防涝设施建设工作的通知》(国办发〔2013〕23号) 要求建立排水管网等设施地理信息系统	利用卫星定位系统(如我国的“北斗”系统)，将城镇排水设施等地理信息进行数字化表达到电子地图上。 通过排水设施普查，建立排水管网设施地理信息系统(GIS)，强化数字化信息管理，有利于设施管理、运行调度、规划建设及智慧管控的需要

续表

序号	内容	指标	2035年规划目标	条文编号	制定依据	指标说明
25	排水防涝	雨水管渠系统维护	雨水口井底的积泥深度<出水管管底以下50mm；雨水管渠的积泥深度<管径的1/8	4.2.2.4	《城镇排水管渠与泵站运行、维护及安全技术规程》CJJ 68－2016 管渠允许积泥深度为管内径或渠净高度的1/5；排水管渠设施疏通后积泥深度不应超过管径或渠净高的1/8	上海市要求检查井积泥深度不超过落底井出水管管底以下50mm，平底井主管径的1/5。源头减排设施的溢流井设置有0.3～0.5m的沉泥槽，所以提出“管底以下50mm”
26	资源节约与循环利用	国家节水型城市达标率	极度缺水城市：2025年以前应全部达到国家节水型城市要求； 缺水型城市：应在2035年前达到国家节水型城市要求	5.1.2.2	1.《国家节水行动方案》 到2020年，地级及以上缺水城市全部达到国家节水型城市标准。 2.《城镇节水工作指南》 2020年，地级及以上缺水城市(多年平均降雨量<200mm，人均水资源量<600m³，下同)达到《国家节水型城市考核标准》(建城(2012)57号)、《城市节水评价标准》(GB/T 51083)Ⅰ级标准，其他地级及以上城市达到《城市节水评价标准》Ⅱ级及以上要求。京津冀、长三角、珠三角等区域提前一年完成	以节水型城市创建为载体，推动“四定原则”落地，尤其是水资源紧缺城镇至关重要。具体做法和要求可参考《国家节水型城市考核标准》(建城(2012)57号)、《城市节水评价标准》(GB/T 51083－2015)等标准
27		万元GDP用水量	极度缺水型城市：2025年用水强度<25m³/万元； 水资源紧缺城市：2035年用水强度<25m³/万元	5.1.2.2	《国家节水行动方案》 到2020年，万元GDP用水量较2015年下降23%，到2022年万元GDP用水量较2015年下降30%	2018年全国万元GDP用水量为66.8m³/万元，北京，天津、山东分别为13m³/万元、15.1m³/万元、27.8m³/万元。到2035年，随着产业结构调整、节水技术的不断发展，水资源紧缺城市应达到更高的节水目标，推动用水从粗放向节约、集约转变，加快形成节水型生产、生活方式

续表

序号	内容	指标	2035年规划目标	条文编号	制定依据	指标说明
28	资源节约与循环利用	再生水利用率	极度缺水型城市：2025年再生水利用率>80% 水资源紧缺城市：2035年再生水利用率>60%	5.1.2.2	1.《国家节水行动方案》 到2020年，缺水城市再生水利用率达到20%以上。到2022年，缺水城市非常规水利用占比平均提高2个百分点。 2.《城镇节水工作指南》 城市再生水利用目标。地级及以上城市力争污水实现全收集、全处理，结合城市黑臭水体治理、景观生态补水和城市水生态修复，推动污水再生利用。2020年，缺水地区的城市再生水利用率不低于20%，京津冀地区的城市再生水利用率达到30%以上。 3. 新加坡：郝晓地，孟祥挺，付昆明．新加坡再生水厂能耗目标及其技术发展方向[J]．中国给水排水，2014，30(24)：7-11. 4. 以色列：慈教进．再生水：再利用还是再污染[J]．生态经济，2014，30(12)：10-13	利用再生水是缓解水资源紧张、提升水环境质量的有效途径。 新加坡再生水利用率达80%(2014年)，用途分为工业直接利用与补充到其蓄水水库中间接利用；以色列再生水利用率为83%(2007年)，主要用途为回用于灌溉、回灌于地下或排入河道。日本东京早在1995年就将再生水补充输送至古川、目黑川、吞川等三条城市河道，缓解因缺水恶化的河道水环境，减少河道污渍浓度，使河流水质达标；到了2013年，全日本有27.1%的再生水被用于河流生态补给；同时，日本早在1996年其全国41%的再生水用于工业用水。 2018年我国城市的再生水利用率为17.17%，其中利用率较高的城市如北京56.50%、青岛56.82%。目前全国很多城市在积极拓展再生水回用途径，如回用于补充河道、湖泊的生态基流，黑臭水体整治等
29		药剂有效使用率(理论投加量/实际投加量)	>85%	5.2.1.2	参考国际经验与国内外调研而提出	根据发达国家经验及国内实践，提出到2035年，提高水处理药剂有效使用率(理论投加量/实际投加量)至85%以上
30		输配水千吨水单位能耗(kW·h/km³·bar)	在2020年能耗的基础上下降10%以上	5.2.1.2	参考国际经验与国内外调研而提出	目前我国输配水的能耗较高，有很大的节能降耗的空间。提出到2035年，输配水千吨水每米扬程的单位能耗(kW·h/km³·bar)在2020年能耗的基础上下降10%以上是可行的

续表

序号	内容	指标	2035年规划目标	条文编号	制定依据	指标说明
31	资源节约与循环利用	供水厂自用水率	<3%	5.2.1.2	参考国际经验与国内外调研而提出	有研究表明，通过减少无效排泥和无效反冲洗等方式，或优化水厂各排泥构筑物的节水排泥工况，可有效减少水厂自用水率。基于目前供水厂平均自用耗水率和相关措施优化效果，提出至2035年可实现水厂自用水率不高于3%目标是可行的
32		城镇污水处理厂污染物削减单位电耗	在2020年的基础上降低30%	5.2.2.2	参考国际经验与国内外调研而提出	到2035年，通过提升污水厂进水BOD浓度，以及全流程节能降耗系统措施的应用，提出2035年降耗目标是可行的，实现单位污染物总量削减电耗平均降低30%
33		城镇污水处理厂药耗削减率	在2020年的基础上，单位总氮的碳源药耗降低30%以上； 单位总磷的药耗降低20%以上	5.2.2.2	1.《城镇污水处理提质增效三年行动方案(2019—2021年)》 城市污水处理厂进水生化需氧量(BOD)浓度低于100 mg/L的，要围绕服务片区管网制定"一厂一策"系统化整治方案，明确整治目标和措施。 2. 城镇排水统计年鉴—2018年	1. 进水碳源提高可减少外加碳源用量；精准溶解氧控制系统可减少溶解氧过高造成的碳源消耗；进水碳源开发措施和精准碳源投加系统的应用也有助于降低碳源消耗。 按照城镇污水处理厂进水BOD浓度从目前平均118mg/L(2018统计年鉴数据)提升至150mg/L以上(2035规划目标)，TN同比例提升核算，通过末端溶解氧精准控制，多点进水和初沉池碳源开发等措施，可有效提高进水C/N，配合精准碳源投加系统应用可实现单位脱氮所需碳源降低30%以上 2. 目前城镇污水厂主要进行水厂升级和自控系统应用建设，到2035年，随着综合控制系统应用和进水BOD浓度的增加，辅助工艺优化运行，可实现单位总磷总量削减除磷药耗平均降低20%以上

续表

序号	内容	指标	2035年规划目标	条文编号	制定依据	指标说明
34	资源节约与循环利用	城镇污水处理厂能源自给率（有条件地区）	>60%	5.3.2.2	参考国际经验与国内外调研而提出	德国污水处理厂可以通过污泥生物质能回收最高60%能源。参照提出我国城镇污水处理厂能源自给率应达到60%以上的指标。 有条件地区指的是60%以上处理量大于$1.0\times10^5m^3/d$的城镇污水处理厂所在的地区
35		污泥处置土地利用率（有条件地区）	>60%	5.3.2.2	参考国际经验与国内外调研而提出	欧美等国污泥土地利用率高，达60%以上，部分高达70%以上。到2035年，我国污泥土地利用率也应达到该水平。据此提出到2035年，力争实现污泥近“零”填埋，土地利用率达60%以上
36		污泥营养物质回收率（有条件地区）	磷>90% 氮>90%	5.3.2.2	参考国际经验与国内外调研而提出	德国环境部出台了《污泥条例改革修正案》，规定污泥进行单独焚烧或协同焚烧时，从灰分/残余物中至少回收80%的磷。参考德国标准，提出我国2035年的指标。 沼液是病菌含量很少的卫生肥料，可用作农业浸种、叶肥或田间使用，沼液施用过程中，氮的损失一般不超过10%。因此提出该指标。 有条件地区指的是：500吨以上单独焚烧工程（残渣磷回收）/200吨以上厌氧消化处理工程（沼液氮回收）所在地区
37		好氧发酵产物的资源化利用率	>95%	5.3.2.2	参考国际经验与国内外调研而提出	污泥好氧发酵产物经分选后一般土地利用（农用、林用），分选出的砖石小于5%，因此提出该指标

续表

序号	内容	指标	2035年规划目标	条文编号	制定依据	指标说明
38	智慧水务	地理信息系统覆盖程度	100%	6.2.3.1	《城市地下管线探测技术规程》(CJJ 61-2017) 地下管线探测应查明地下管线的类别、平面位置、走向、埋深、偏距、规格、材质、载体特征、建设年代、埋设方式、权属单位等，测量地下管线平面坐标和高程；地下管线普查取舍标准为给水管径≥50mm	该指标是供排水设施数字化信息定位的基本要求。各城市管网有地理信息系统且满足上述要求的为100%，无地理信息系统或有地理信息系统但不满足要求的则为0
39	智慧水务	BIM应用普及率	超大城市和特大城市：100%，大城市：100%	6.2.3.1	参考国际经验与国内外调研而提出	BIM作为可视化的多维数据库，能够助力打造水务企业生产运维数字化管理新模式，为此提出该指标。 BIM应用普及率指标值=城市水务企业生产运维中满足条件的水务企业数量/该城市所有水务企业数量
40	智慧水务	在线监测	超大城市和特大城市：100%；大城市：90%； 中等城市和小城市：80%； 县城小镇：60%	6.2.3.1	《室外给水设计标准》(GB 50013-2018) 检测pH值、浊度、水温、溶解氧、电导率等水质参数，水源易遭受污染时应增加氨氮、耗氧量或其他可实现在线检测的特征污染物等项目； 湖库型水源应检测pH值、电导率、浑浊度、溶解氧、水温、总磷、总氮等水质参数。 地下水水源应检测pH值、电导率、浊度等水质参数	监测数据是水务智慧化的最基本要求，为规范数据使用并结合业务需要，构建智能全域的感知体系，提出该指标。 在线监测指标值=城市满足条件的在线监测点/该城市所需在线监测点

续表

序号	内容	指标	2035年规划目标	条文编号	制定依据	指标说明
41	智慧水务	自动/智能控制	超大城市和特大城市：95%；大城市：95%； 中等城市和小城市及以下：饮用水：95%； 污水及雨水：90%	6.2.3.2	《浙江省城市供水现代化水厂评价标准》(2018版) 1. 具有自动控制功能的生产工艺包括但不限于：取水口格栅控制、药剂就地制备(次钠、臭氧等)控制、药剂(碱液、矾液、高锰酸钾、PAM、粉末活性炭等)配制控制、药剂(臭氧、氯或次氯酸钠、矾、碱、高锰酸钾、PAM、活性炭、臭氧等)投加控制、排泥及吸泥控制、滤池恒液位控制、过滤反冲控制(砂滤、炭池、膜滤等)、大功率机泵(含配套阀门)启停及运行(恒压)控制、污泥处理控制、废水回收控制等，无特殊原因应处于正常使用状态； 2. 主要生产参数自动控制精度要求如下(响应时间以满足管理及工艺要求为标准，但最长不超过2小时)： 恒液位控制误差：$\|\Delta h\| \leqslant 0.05m$，实现时间≤10min	自动/智能控制是智慧水务的重要组成，根据不同领域的业务需要，有针对性地提出该指标。 自动控制指标值＝城市满足条件的水务企业数量/该城市所有水务企业数量
42		数字化管理与服务	超大城市和特大城市：95%；大城市：90%； 中等城市和小城市：80%	6.2.3.3	《深圳市供水智慧化建设评价标准》 应用系统建成率100%	数字化管理是智慧水务的核心组成部分，也是水务业务的数字化表达。借助数字化管理工具，实现水务业务精准管理。根据不同领域的业务管理需要，有针对性地提出该指标。 数字化管理与服务指标值＝城市满足条件的水务企业数量/该城市所有水务企业数量

续表

序号	内容	指标	2035年规划目标	条文编号	制定依据	指标说明
43	智慧水务	服务与信息公开	超大城市和特大城市：95%；大城市：90%； 中等城市和小城市：80%	6.2.3.3	参考国际经验与国内外调研而提出	服务与信息公开是和民众切实相关的内容，智慧水务建设的目的之一是使服务更便捷，制定该指标。 服务与信息公开指标值=城市满足条件的水务企业数量/该城市所有水务企业数量
44		智慧化决策	超大城市和特大城市：95%；大城市：90%	6.2.3.4	《新型智慧城市评价指标》	智慧化决策是智慧水务的终极目标和最高评判标准，制定该指标。 智慧化决策指标值=城市满足条件的水务企业数量/该城市所有水务企业数量
45		网络安全	超大城市和特大城市：80%；大城市：70%； 中等城市和小城市：60%	6.2.3.5	《计算机信息系统　安全保护等级划分准则》GB 17859－1999、《信息系统安全等级保护基本要求》、《信息安全等级保护管理办法》等技术标准	水务设施是国家重要的基础设施，网络安全必须满足国家重要基础设施的安全要求。网络安全也是智慧水务建设的重要基础保障。为落实网络安全，特制定该指标。 关键信息基础设施进行网络安全等级测评，其等级保护满足“网络技术安全等级保护2.0”第二级及以上要求。 网络安全指标值=城市满足条件的水务企业数量/该城市所有水务企业数量